Astrofotografie für Einsteiger

Alexander Kerste ist studierter Biologe und hat sein Hobby zum Beruf gemacht. Bereits seit 1993 ist er ehrenamtlich auf der Heilbronner Sternwarte aktiv und bringt interessierten Laien die Astronomie näher. Die Probleme, die Neueinsteiger in dieses Hobby haben, kennt er zur Genüge – für das Internet-Portal *astronomie.de* betreut er den Einsteigerkurs.

Nach dem Studium arbeitete er unter anderem für das Magazin *Astronomie Heute* und veröffentlichte 2004 ein Sternkarten-Set. Seitdem arbeitet er als Freiberufler und hat als Autor Bücher im Eigenverlag veröffentlicht oder als Co-Autor an Büchern mitgearbeitet. Seit 2014 betreut und organisiert er außerdem die Nordlicht-und-Sterne-Reisen von *Hurtigruten* entlang der norwegischen Küste und hat das Begleitbuch zu dieser Themenreise verfasst. In seinem Blog *kerste.de* berichtet er über die Nordlicht-Jagd ebenso wie über vergangene astronomische Ereignisse.

Zu diesem Buch – sowie zu vielen weiteren dpunkt.büchern – können Sie auch das entsprechende E-Book im PDF-Format herunterladen. Werden Sie dazu einfach Mitglied bei dpunkt.plus⁺:

www.dpunkt.plus

Alexander Kerste

Astrofotografie für Einsteiger

Der Leitfaden von den ersten Milchstraßen-Bildern
zur Deep-Sky-Fotografie

dpunkt.verlag

Alexander Kerste

Lektorat: Boris Karnikowski
Fachlektor: Martin Rietze, *mrietze.com*
Korrektorat: Petra Kienle, Fürstenfeldbruck
Satz: Ulrich Borstelmann, *www.borstelmann.de*
Herstellung: Stefanie Weidner
Umschlaggestaltung: Helmut Kraus, *www.exclam.de* (unter Verwendung eines Fotos des Autors)
Druck und Bindung: mediaprint solutions GmbH, 33100 Paderborn

Bibliografische Information der Deutschen Nationalbibliothek
Die Deutsche Nationalbibliothek verzeichnet diese Publikation in der Deutschen Nationalbibliografie; detaillierte bibliografische Daten sind im Internet über http://dnb.d-nb.de abrufbar.

ISBN:
Print   978-3-86490-630-5
PDF   978-3-96088-662-4
ePub   978-3-96088-663-1
mobi   978-3-96088-664-8

1. Auflage 2019
Copyright © 2019 dpunkt.verlag GmbH
Wieblinger Weg 17
69123 Heidelberg

Hinweis:
Der Umwelt zuliebe verzichten wir auf die Einschweißfolie.

Schreiben Sie uns:
Falls Sie Anregungen, Wünsche und Kommentare haben, lassen Sie es uns wissen: hallo@dpunkt.de.

Die vorliegende Publikation ist urheberrechtlich geschützt. Alle Rechte vorbehalten. Die Verwendung der Texte und Abbildungen, auch auszugsweise, ist ohne die schriftliche Zustimmung des Verlags urheberrechtswidrig und daher strafbar. Dies gilt insbesondere für die Vervielfältigung, Übersetzung oder die Verwendung in elektronischen Systemen.
Es wird darauf hingewiesen, dass die im Buch verwendeten Soft- und Hardware-Bezeichnungen sowie Markennamen und Produktbezeichnungen der jeweiligen Firmen im Allgemeinen warenzeichen-, marken- oder patentrechtlichem Schutz unterliegen.
Alle Angaben und Programme in diesem Buch wurden mit größter Sorgfalt kontrolliert. Weder Autor noch Verlag können jedoch für Schäden haftbar gemacht werden, die in Zusammenhang mit der Verwendung dieses Buches stehen.

5 4 3 2 1 0

Vorwort

Den Sternenhimmel im Bild festhalten – dieser Wunsch ist für viele Sternfreunde der Anlass, sich das erste eigene Teleskop zu kaufen. Die prächtigen Bilder des Hubble-Weltraumteleskops wie auch zahlreicher Amateurastronomen wecken Wünsche und Begehrlichkeiten, gleichzeitig setzen sie die Erwartungen aber auch sehr hoch an. Diese prächtigen Hochglanzaufnahmen sind das Ergebnis stundenlanger Belichtungszeiten und intensiver Bildbearbeitung, um die Details aus den Rohdaten herauszuarbeiten. Wer in den 1980er-Jahren in die Astrofotografie einsteigen wollte, hatte es einfacher: Selbst große Sternwarten arbeiteten noch mit Diafilm und die krisseligen Schwarzweißabbildungen in den Fachbüchern weckten keine so hohen Erwartungen.

Heute sind mit Amateurmitteln Bilder möglich, von denen die Profis noch vor 30 Jahren nur träumen konnten. Wie viel Arbeit in diesen Bildern steckt, wie sie entstanden sind und was schon mit einfachen Mitteln möglich ist (und was nicht), sieht man ihnen jedoch nicht an. Mit diesem Buch will ich Ihnen den Einstieg in die Astrofotografie ermöglichen, ohne zu hohe Erwartungen zu wecken: Das Hobby kann mitunter leicht zur Materialschlacht mutieren, bei der man Tausende Euro versenken kann. Aber schon mit vergleichsweise bescheidenen Mitteln sind gute Ergebnisse möglich.

Daher finden Sie hier weniger die allbekannten Hochglanzfotos, sondern vor allem Bilder, in die nicht mehrere Tage Arbeit gesteckt wurden. Schon mit einer handelsüblichen guten Kamera auf einem Stativ ist viel möglich, später kann die Technik dann ausgebaut werden. Am Ende steht das Arbeiten mit einem Teleskop, wobei Planeten- und Deep-Sky-Fotografie gänzlich andere Ansprüche stellen.

Ich hoffe, dass Ihnen dieses Buch einen guten Einstieg in die Astrofotografie ermöglicht und dabei hilft, die ersten Hürden auf dem Weg zu schönen Fotos zu überwinden. Der wichtigste Rat kommt zuallererst: Sehen Sie es nicht als Wettbewerb an – die meisten Himmelsobjekte wurden bereits fotografiert, aber es ist doch ganz etwas anderes, wenn man sich ein eigenes Bild von ihnen gemacht hat.

Viel Spaß und viel Erfolg,

Alexander Kerste

Inhaltsverzeichnis

Kapitel 1: Astrofotografie mit einfachen Mitteln — 1

Astrofotografie mit stehender Kamera 2
Strichspuraufnahmen 4
Mond- und Planetenkonstellationen 8
Satelliten und die ISS 12
Sternschnuppen 17
Kometen 20
Sternbilder und Milchstraße 22
Erscheinungen am Himmel 24
Mondfinsternisse 28
Sonnenfinsternisse 35
Die richtige Kamera 43
Der richtige Standort 54
Checklisten und Zubehör 56

Kapitel 2: Die nachgeführte Kamera — 59

Star Tracker, Piggyback, Montierung mit Prismenklemme 60
Einnorden 64
Ziele finden 69
Sternfarben und -helligkeiten durch Filter 71
Filter gegen Lichtverschmutzung und für Effekte 75

Kapitel 3: Die Kamera am Teleskop — 81

Afokale Fotografie 82
Okularprojektion für Mond und Sonne 86
Fokale Fotografie: Die Kamera am Okularauszug 90
Scharfstellen am Teleskop 94
Bildfeldebner und Komakorrektur 96
Die Brennweite anpassen 98
Einnorden für Fortgeschrittene 100
Nachführfehler und Autoguiding 106
Hellfeld- und Dunkelbilder 112
Astromodifizierte Kameras 114

Astronomische Farbkameras	116
Monochrome Kameras und Schmalbandfilter	118
Atik Infinity & Co. – das Livebild am PC	122
Bildbearbeitung	124

Kapitel 4: Planetenfotografie mit Videomodulen — 135

Lucky Imaging	136
Brennweite, Öffnungsverhältnis und Kamera	138
Sonnenfotografie	140
Die Videoaufnahme	142
Bildbearbeitung	144

Kapitel 5: Tipps zum Teleskopkauf — 147

Die richtige Montierung	148
Teleskoptechnik	153
Checklisten und Transportfähigkeit	158
Kaufen oder Mieten?	161

Index — 165

Kapitel 1

Astrofotografie mit einfachen Mitteln

Der einfachste Einstieg in die Astrofotografie benötigt nicht viel: Eine Kamera mit manuellem Modus, ein lichtstarkes Objektiv und ein stabiles Stativ genügen für die ersten Astroaufnahmen. Dabei lernen Sie sowohl Ihre Kamera zu beherrschen als auch den Nachthimmel kennen: Was gibt es dort oben eigentlich zu sehen und was müssen Sie beachten, um es auf Ihren Kamerasensor zu bannen?

Der Komet Lovejoy im Winter 2013.
Bild: Martin Rietze

Astrofotografie mit stehender Kamera

Einmal am Tag dreht sich die Erde um ihre eigene Achse und damit unter den Sternen hinweg. Für einen Beobachter in Deutschland auf etwa 50° nördlicher Breite bedeutet das, dass er in einer Stunde über 1600 Kilometer zurücklegt. Davon merken wir in der Regel nichts, da wir samt unserer Umgebung ja Teil dieser Bewegung sind. Auch in einem Zug bemerken wir die Bewegung erst, wenn wir aus dem Fenster schauen. Aber achten Sie einmal darauf, wie rasch die Sonne hinter dem Horizont verschwindet oder wie flott der Mond aufgeht! Daher setzt die Natur den Belichtungszeiten eine Grenze, sobald wir Sterne auf dem Bild haben. Als Faustregel gilt die »500er-Regel«:

$$500/\text{Brennweite} = \text{Belichtungszeit [s]}$$

Mit anderen Worten: 500 geteilt durch die Brennweite des Objektivs ergibt in etwa die maximale Belichtungszeit, die ohne eine automatische Nachführung zum Ausgleich der Erdrotation möglich ist. Mit einem 18-mm-Objektiv sind also maximal Belichtungszeiten von etwa 500/18 = 27 Sekunden möglich, bevor die Sterne keine nadelscharfen Punkte mehr sind, sondern zu Strichen verzerrt werden. Der Effekt fällt schon früher auf, wenn Sie Sterne in der Nähe des Himmelsäquators fotografieren (weil die Sternbewegung mit zunehmender Entfernung zum Himmelspol sichtbarer wird, siehe Bild auf Seite 5) oder falls Ihre Kamera kleine, hochauflösende Pixel hat. Zur Sicherheit halbieren Sie die mögliche Belichtungszeit.

Leider lässt sich die Belichtungszeit nicht beliebig verkürzen: Astrofotografie ist praktisch immer Langzeitfotografie, da die Sterne lichtschwach sind. In vielen prächtigen Astrofotos stecken mehrere Stunden Belichtungszeit! Kein Wunder, dass die Astronomen immer größere Teleskope bauen und auch viele Amateure dem »Öffnungswahn« verfallen – je größer der Durchmesser eines

Schon bei einer Belichtungszeit von 3 Minuten werden die Sterne durch die Erddrehung deutlich zu Bögen verzerrt. 3 Min @ 400 ISO, 18-mm-Objektiv an Nikon D50 (APS-C)

Nur mit einer automatischen Nachführung bleiben die Sterne Punkte und das Sternbild Großer Wagen wird sichtbar.
3 Min @ 400 ISO, 18-mm-Objektiv an Nikon D50 (APS-C)

Teleskops ist, desto mehr Licht kann es in derselben Zeit einfangen und desto kürzere Belichtungszeiten werden möglich.

Zum Glück ermöglicht die moderne Technik auch mit kurzen Belichtungszeiten schon eindrucksvolle Aufnahmen.

Sie benötigen lediglich ein stabiles Stativ, eine möglichst rauscharme Kamera, die auch höhere ISO-Zahlen erlaubt, und ein möglichst lichtstarkes Objektiv: Eine Blende von f/2.8 oder gar f/1.4 ist optimal. Die Standard-Kit-Objektive vieler Einsteigerkameras sind lichtschwächer und erfordern längere Belichtungszeiten. Die Kamera muss einen echten manuellen Modus bieten, damit Sie zumindest Blende, Belichtungszeit, ISO und Fokus frei einstellen können. Viele Kompaktkameras begrenzen die mögliche Belichtungszeit, damit der Sensor sich nicht zu sehr erwärmt und das Bildrauschen erträglich bleibt. Die Lichtempfindlichkeit (ISO) der Kamera kann nicht beliebig hochgedreht werden, da das Bild sonst zu sehr rauscht und die Sterne im Rauschen untergehen. Ein Fernauslöser ist ideal, damit das Bild nicht verwackelt, sonst hilft der Selbstauslöser. Wenn Sie mit einem Weitwinkelobjektiv fotografieren,

Brennweite	Bildwinkel (Vollformat, 24 × 36 mm)	Bildwinkel (APS-C, 15 × 22 mm, Crop 1,6)	Maximale Belichtungszeit
10 mm	100° × 122°	74° × 97°	35 s
16 mm	74° × 97°	50° × 71°	22 s
24 mm	53° × 74°	35° × 51°	14 s
50 mm	27° × 40°	17° × 26°	7 s
85 mm	16° × 24°	10° × 15°	4 s
135 mm	10° × 15°	6,5° × 10°	2,5 s
200 mm	7° × 10°	4,5° × 6,5°	1,5 s
300 mm	4,5° × 7°	3° × 4,5°	1 s

Bildfeld und maximale Belichtungszeit bei einer Kamera mit 5 µm großen Pixeln.

können Sie länger belichten als mit einem Teleobjektiv, da der Abbildungsmaßstab dann kleiner ist und die Bewegung der Sterne nicht mehr so auffällt. Die Tabelle enthält Richtwerte für die maximale Belichtungszeit an einer Kamera, deren Pixel die bei modernen Spiegelkameras gängige Größe von 5 µm haben. Bei Modellen mit kleineren Pixeln wie Micro-Fourthirds-Kameras sind kürzere Belichtungszeiten notwendig. So sehen die Sterne noch ziemlich punktförmig aus, bei längeren Zeiten werden sie sichtbar zu Strichen. Näher am Himmelspol sind längere Belichtungszeiten möglich.

Strichspuraufnahmen

Der einfachste Einstieg in die Astrofotografie sind Strichspuraufnahmen. Richten Sie die Kamera einfach auf einem Stativ in den Himmel und belichten Sie längere Zeit, den Rest macht die Erdrotation. Mit Diafilmen war das früher sogar noch leichter als mit den modernen Digitalkameras: Ein Film verliert durch den Schwarzschildeffekt während der Belichtung rasch an Empfindlichkeit, sodass man auch einmal eine halbe Stunde lang am Stück belichten konnte (und oft genug sogar musste). Eine Digitalkamera dagegen behält ihre Empfindlichkeit während der gesamten Belichtung bei, sodass das Bild nach wenigen Minuten komplett überbelichtet wäre. Sie müssen also zahlreiche Aufnahmen in Folge machen, bei denen der Vordergrund möglichst nicht durch das Umgebungslicht überbelichtet ist, und diese am PC miteinander kombinieren. Es ist heute nicht leicht, einen wirklich dunklen Standort zu finden!

Stellen Sie eine feste Belichtungszeit ein, zum Beispiel 30 Sekunden, und öffnen Sie die Blende maximal (kleinste Zahl) – wenn die Irisblende geschlossen ist, beeinflusst sie die Sternabbildung und es gibt Sternchen-Strahlen rund um die Sterne. Bei einer Strichspuraufnahme würde das nur zu fetten Sternspuren führen. Bei einfachen Objektiven überwiegen aber die Abbildungsfehler und Sie müssen für punktförmige Sterne etwas abblenden. Drücken Sie dann alle 30 Sekunden auf den Auslöser. Bei vielen Kameras sind 30 Sekunden die maximale Belichtungszeit, die Sie im manuellen Modus vorgeben können – für längere Zeiten müssten Sie den Bulb-Modus verwenden und immer am Anfang und Ende der Belichtung den Auslöser drücken. Am Himmelsäquator bewegen sich die Sterne innerhalb von zwei Minuten um 0,5° oder einen Vollmonddurchmesser weiter.

Im Idealfall überlassen Sie das automatische Auslösen der Kamera. Einige Modelle bieten die Möglichkeit zur Intervallaufnahme oder können zumindest über einen programmierbaren Fernauslöser regelmäßig automatisch auslösen. Bei einigen Modellen können Sie den Fernauslöser auch einrasten und er löst erneut aus, sobald eine Aufnahme fertig und die Kamera bereit für die nächste ist. Zwischen den beiden Aufnahmen müssen Sie der Kamera gegebenenfalls

260 Bilder mit einer Gesamtbelichtungszeit von etwa 1,5 Stunden ergaben diese Strichspuraufnahme. Das Bild entstand auf Mallorca, sodass der Himmelspol mit dem Polarstern etwas niedriger steht, als wir es in Deutschland gewohnt sind.
11 mm, f/2.8, 260 × 10 s, 80 ISO, Nikon D7100 (APS-C)

nur noch etwas Zeit lassen, um ein Dunkelbild zur Rauschreduzierung aufzunehmen (mehr dazu ab Seite 49) und die Aufnahmen zu speichern. Außerdem müssen Sie bei Spiegelreflexkameras die Zeit für die Spiegelvorauslösung vor der nächsten Aufnahme berücksichtigen – diese sollten Sie aktivieren, um Verwacklungen durch das Hochklappen des Spiegels zu vermeiden.

Die automatische Rauschunterdrückung bei Langzeitbelichtung können Sie ausschalten, wenn Sie eine nicht zu hohe ISO-Zahl verwenden. Ansonsten macht die Kamera nach jeder Aufnahme ein Dunkelbild, das genauso lange dauert, und Sie haben im fertigen Bild größere Lücken in den Strichspuren. Einige Nachbearbeitungsprogramme können die Lücken auch automatisch füllen. Gerade in warmen Nächten kann es sinnvoll sein, den automatischen

Dunkelbildabzug zu aktivieren. Das Bild oben entstand im Sommer auf Mallorca, daher wurde kurz belichtet und die automatische Rauschunterdrückung aktiviert. So blieben die Lücken zwischen den Bildern klein und das Rauschen stört kaum. Viele Wege führen zum Ziel.

Um die Kamera auf Unendlich zu fokussieren, genügt es für Strichspuren oft, einen Punkt am Horizont per Autofokus scharfzustellen und den Autofokus danach auszuschalten – in Mitteleuropa steht dafür meist genug Licht zur Verfügung. Falls nicht, machen Sie bei Tag eine Markierung für die richtige Einstellung auf dem Objektiv, falls das möglich ist. Durch Spiel in der Mechanik ist das aber oft ungenau.

Besonders reizvoll wird es, wenn Sie noch einen interessanten Vordergrund in das Bild integrieren können – sei es eine attraktive Landschaft oder ein historisches Gebäude wie eine Burgruine. Achten Sie auch darauf, dass keine Straße im Bild ist. Ansonsten riskieren Sie, dass ein vorbeifahrendes Auto mit seinen Scheinwerfern die Aufnahmeserie unterbricht.

Am Ende müssen die Aufnahmen noch zu einem Gesamt-Strichspurbild zusammengefügt werden (und das können schon mal ein paar Hundert Aufnahmen sein). Kostenlose Programme wie *StarStax* (starstax.net) oder *StarTrails*

Die ursprüngliche Version des Bilds auf der vorherigen Seite. Wenn die Einzelbilder nicht bearbeitet werden, können sich zahlreiche Flugzeuge im Bild verewigen.

Mit StarTrails (Bild) oder StarStax lassen sich die Einzelbilder bequem zu einer Strichspuraufnahme kombinieren.

(*startrails.de*) übernehmen das für Sie sehr komfortabel. Im Idealfall haben Sie dann schon ein schönes Bild.

Es kann sich aber durchaus lohnen, noch Hand an die Einzelbilder anzulegen. Mit Lightroom oder ähnlichen Programmen können Sie bei einem einzelnen Bild Helligkeitsverläufe, Weißabgleich und Rauschen bearbeiten und diese Werte dann auf alle anderen Aufnahmen übertragen. Etwas aufwendiger wird es, wenn Sie störende Elemente wie Flugzeuge auf einzelnen Fotos entfernen wollen – man glaubt kaum, wie stark der Luftverkehr über Europa ist! Der Aufwand lohnt sich.

Minimaler Aufwand: Eine gute Kamera, ein kleines Stativ und Zeit sind alles, was für eine Strichspuraufnahme nötig ist.

Mond- und Planetenkonstellationen

Astronomie fängt mit dem bloßen Auge an und ein lichtstarkes Weitwinkelobjektiv kann gerade in der Dämmerung einen realistischen Anblick des Himmels festhalten. Immer wieder stehen Planeten hell am Abendhimmel und erhalten Besuch vom Mond. Ein astronomisches Jahrbuch wie das *Kosmos Himmelsjahr* oder astronomische Magazine verraten Ihnen, wann Mond und Planeten einander begegnen und eine hübsche Konstellation bilden. Auf Webseiten wie *calsky.com* können Sie sich die Ereignisse auch vorhersagen lassen.

Der Mond bewegt sich am Himmel gegenüber den Sternen von Abend zu Abend um etwa 13 Grad nach Westen, sodass ein Treffen unseres Erdtrabanten mit einem Planeten oder hellen Sternen nur an einem Abend zu beobachten ist, maximal an zwei aufeinanderfolgenden Nächten. Hier besteht also ein gewisser Zeitdruck: Gerade bei langen Brennweiten vergrößert sich der Abstand zwischen Mond und Stern oder Planet rasch, sodass die beiden eventuell nicht mehr ins Bild passen. Das macht sich vor allem dann bemerkbar, wenn Sie mit einer Festbrennweite fotografieren, den Bildwinkel also nicht verändern können. Andererseits haben Sie so die Chance, Himmelsmechanik live zu erleben und im Bild festzuhalten: Wenn Sie im Lauf eines Abends verfolgen, wie der Mond sich von einem hellen Stern entfernt oder ein Planet seine Position im Lauf von Wochen oder Monaten verändert, erhalten Sie ein Gefühl dafür, wie Erde, Mond und Planeten um die Sonne kreisen.

Die Planeten selbst bleiben immer nur Lichtpunkte – nehmen Sie möglichst noch etwas Landschaft mit ins Bild, damit der Betrachter die Größenverhältnisse abschätzen kann. Damit der Mond ein paar Details zeigt, sollten Sie ein

Die schmale Mondsichel neben dem Sternhaufen der Plejaden. Durch die längere Belichtungszeit ist auch die dunkle Seite des Monds im Erdschein zu sehen.

Planeten sind klein: Jupiter und Venus in der Abenddämmerung rechts neben einer Sternwartenkuppel, knapp über dem Horizont.

Teleobjektiv mit mindestens 150–200 mm Brennweite verwenden. Einen Überblick über das Bildfeld gibt die Tabelle auf Seite 3.

Mit dem Automatikmodus können schon sehr gute Aufnahmen gelingen, vor allem wenn Sie RAW-Bilder aufnehmen, aus denen Sie später noch ein paar Details herausholen können. Wenn der Mond mit im Bild ist, müssen Sie mit sehr großen Helligkeitsunterschieden zwischen dem Erdtrabanten und dem umgebenden Himmel kämpfen. Verwenden Sie am besten einen festen Blendenwert und nehmen Sie eine Belichtungsreihe auf, bei der Sie die Belichtungszeit einmal auf den Mond und einmal auf den Nachthimmel einstellen. Wie bei einem HDR können Sie dann später am PC ein Bild erstellen, bei dem weder die Sterne unter- noch die beleuchtete Seite des Monds überbelichtet sind.

> **Tipp**
>
> Gewöhnen Sie sich an, in Grad zu denken. Sonne und Mond haben etwa einen Durchmesser von einem halben Grad an unserem Himmel, der Daumen an der ausgestreckten Hand deckt etwa ein Grad ab – und ein Vollkreis hat natürlich 360 Grad.

Venus im Goldenen Tor der Ekliptik: 14. April 2015

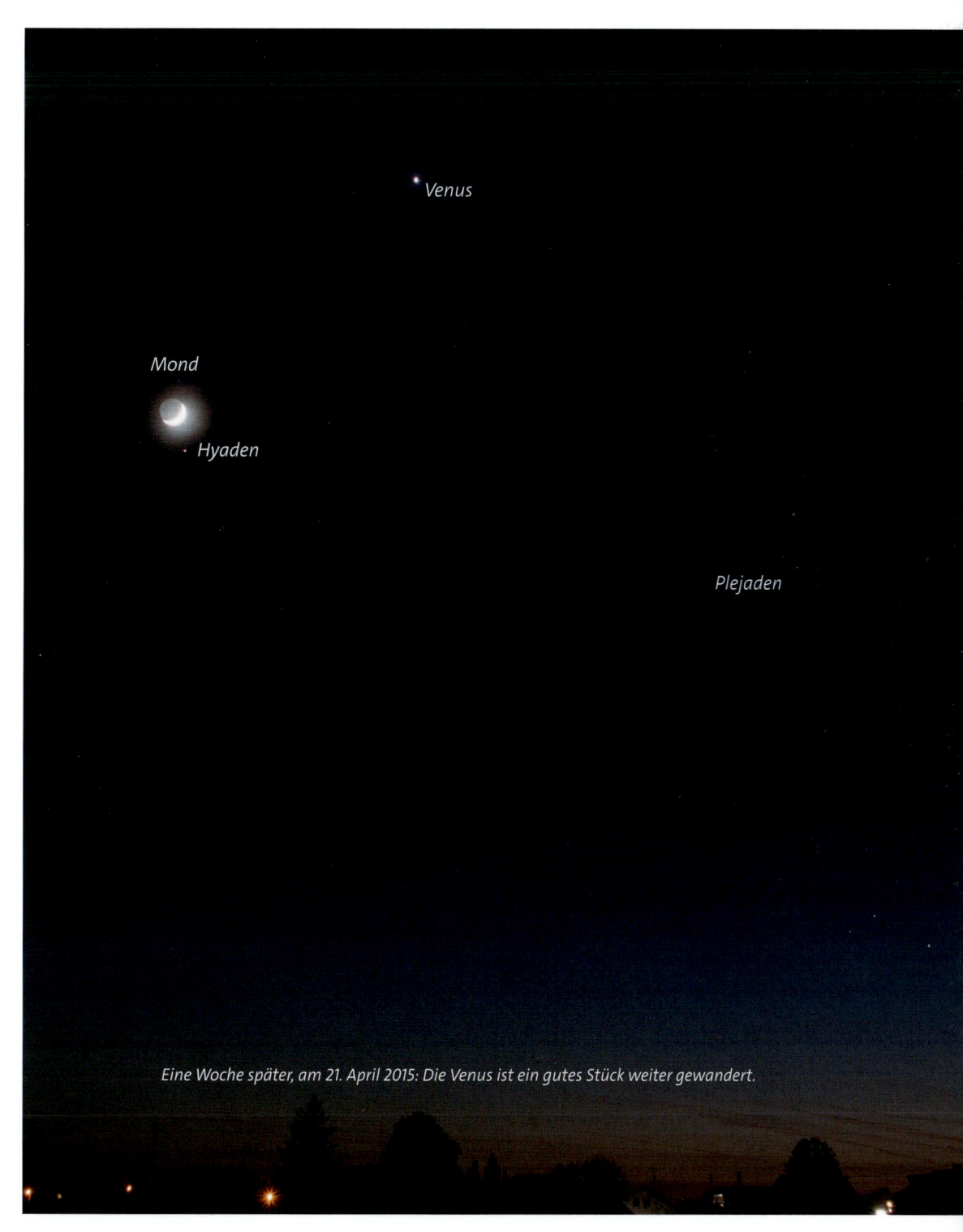

Eine Woche später, am 21. April 2015: Die Venus ist ein gutes Stück weiter gewandert.

Satelliten und die ISS

Die Internationale Raumstation umkreist die Erde alle 90 Minuten in einer Höhe von etwa 400 km. Auch viele Satelliten befinden sich auf vergleichbaren Umlaufbahnen – durch die Erddrehung starten sie Richtung Osten und behalten diese Bahn später bei. In der Dämmerung können wir sie daher wie einen hellen Stern rasch von Westen nach Osten über den Himmel ziehen sehen. Die ISS erscheint dank ihrer riesigen Solarpaneele oft heller als die hellsten Sterne. In der Abenddämmerung taucht sie noch recht unauffällig tief am hellen Westhorizont auf, um dann innerhalb von etwa fünf Minuten über den Himmel zu ziehen. Dabei setzt sie sich erst immer besser vom zunehmend dunkleren Himmelshintergrund ab, bis sie schließlich in den Erdschatten eintritt und rasch verblasst.

Webseiten wie *calsky.com* und *heavens-above.com* berechnen für jeden Punkt der Welt die nächsten sichtbaren Überflüge der ISS oder anderer heller Satelliten. Da gerade die ISS immer wieder Bahnkorrekturen vornimmt, um Weltraumschrott auszuweichen oder Höhenverluste auszugleichen, sind die Vorhersagen nur für wenige Wochen im Voraus präzise. Aufgrund ihrer Bahn um die Erde wechseln sich Perioden, in denen sie gut zu sehen ist, mit solchen ab, in denen sie für uns unsichtbar bleibt.

 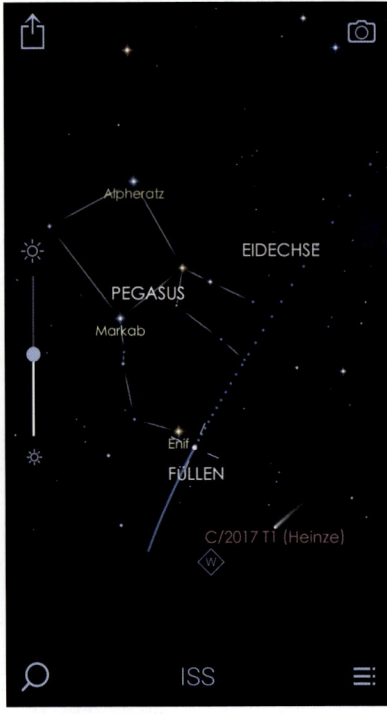

Einige Planetariums-Apps helfen dabei, die ISS zu lokalisieren. Celestron Sky Portal (links) zeigt die aktuelle Position der ISS. Star Walk 2 (rechts) zeigt auch die Bahn der ISS an und kann vor guten Sichtbarkeiten einen Hinweis geben.

*Überflug der ISS – Komposit aus 52 Bildern à 5 Sekunden.
11 mm, f/2.8, 5 s, 640 ISO, Nikon D7100 (APS-C)*

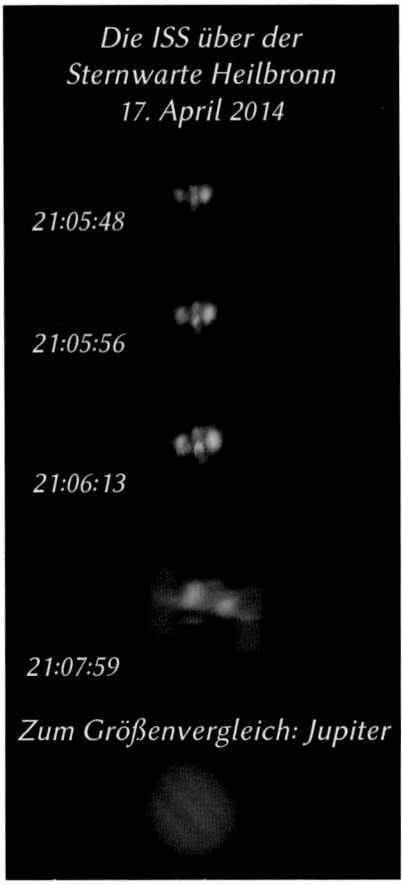

In den wenigen Minuten eines Überflugs verändert sich die Größe der ISS beträchtlich.

Besonders praktisch bei der Vorbereitung sind Smartphone-Apps wie *Celestron Sky Portal* oder *Star Walk 2*, die Ihnen die aktuelle Position der ISS anzeigen. Im jeweiligen App-Store von Apple oder Android finden sich eine Reihe solcher Apps, die oft auch kostenlos erhältlich sind.

Mit einem Weitwinkelobjektiv können Sie einen Überflug leicht im Bild festhalten. Im Prinzip gehen Sie dabei genauso vor wie für eine Strichspuraufnahme: Setzen Sie die Kamera auf ein Stativ und nehmen Sie während des Überflugs ein Bild nach dem anderen auf, mit möglichst kurzen Abständen zwischen den einzelnen Aufnahmen. Verwenden Sie den manuellen Modus und stellen Sie eine Belichtungszeit ein, bei der das Bild etwa dem Anblick mit bloßem Auge entspricht. Bei einem Fünf-Minuten-Überflug sind die Sterne dann bereits zu Strichen verzogen; die Bahn der ISS verläuft quer zu den Sternen.

Für das Bild auf Seite 13 verwendete ich eine kurze Belichtungszeit bei einer ISO, die noch kein besonders auffälliges Rauschen verursacht. Eine längere Belichtungszeit hätte nur dazu geführt, dass der Himmel zu hell würde – nach fünf Minuten Belichtungszeit am Stadtrand wäre das gesamte Bild weiß geworden und von der ISS wäre nichts mehr zu sehen gewesen.

Auch wenn die ISS nur 400 km von uns entfernt ist, wenn sie direkt über unsere Köpfe hinwegzieht, bleibt sie auf den Fotos doch nur ein Punkt. Um mehr zu erkennen, benötigen Sie eine viel größere Brennweite. Mit einem Teleskop ist es bereits möglich, Details auf der ISS zu erkennen.

Für die Detailaufnahmen auf Seite 14 habe ich meine Kamera (eine Nikon D7100 mit 24 Megapixel) auf Serienaufnahme gestellt und statt eines Objektivs ein Schmidt-Cassegrain-Teleskop mit 3900 mm Brennweite verwendet. Bei dieser Brennweite ist das Gesichtsfeld winzig und noch etwas kleiner als der Vollmond. Um die ISS zu erwischen, verfolgte ich sie im Sucher des Teleskops, das ich manuell auf seiner Montierung schwenkte, während sich der Kameraspeicher mit Aufnahmen füllte. Auf etwa einem halben Dutzend Bilder war die Raumstation dann auch zu sehen ... Als sie sich dem Zenit näherte, wurde das Verfolgen zunehmend schwieriger, da das Teleskop auf einer parallaktischen Montierung (siehe Seite 148) saß – diese Art der Montierung ist zwar ideal für die Astrofotografie, aber es ist schwer, Ziele über den Meridian hinaus zu verfolgen. Da Jupiter an diesem Abend ebenfalls hoch am Himmel stand, nahm ich noch ein Vergleichsbild mit demselben Aufbau auf – im geringsten Abstand erscheint die ISS bei gleicher Vergrößerung etwa genauso groß wie Jupiter, der größte Planet des Sonnensystems.

Mit einer azimutalen Montierung (siehe Seite 148) können Sie die ISS leichter verfolgen. Für einige Steuerungen gibt es auch die Möglichkeit zur automatischen Verfolgung. Das Programm *Sattracker* (*heavenscape.com*) wird leider nicht mehr weiterentwickelt und unterstützt nicht mehr jede Montierung.

Eine besondere Herausforderung sind Vorbeiflüge der ISS vor Sonne oder Mond. Webseiten wie *calsky.com* oder – komfortabler – *transit-finder.com* berechnen, wann man so ein Ereignis beobachten kann. Dabei gibt es immer nur einen schmalen Korridor, von dem aus die ISS vor diesen Himmelskörpern vorbeizieht. Der eigentliche Vorüberflug dauert weniger als eine Sekunde. Statt Einzelbilder aufzunehmen, wird hier gerne gefilmt. Selbst in der Serienbildfunktion einer DSLR verliert man sonst zu viel Zeit. Programme wie der kostenlose *VLC* erlauben es, Einzelbilder aus einem Video zu extrahieren, um sie zu bearbeiten oder zu einem Komposit zusammenzufügen.

Achtung

Wenn Sie die Kamera mit Objektiv oder Teleskop auf die Sonne richten, müssen Sie einen geeigneten Sonnenfilter (siehe Seite 140) vor dem Objektiv verwenden – ansonsten riskieren Sie bleibende Schäden an der Kamera oder gar an Ihrem Auge!

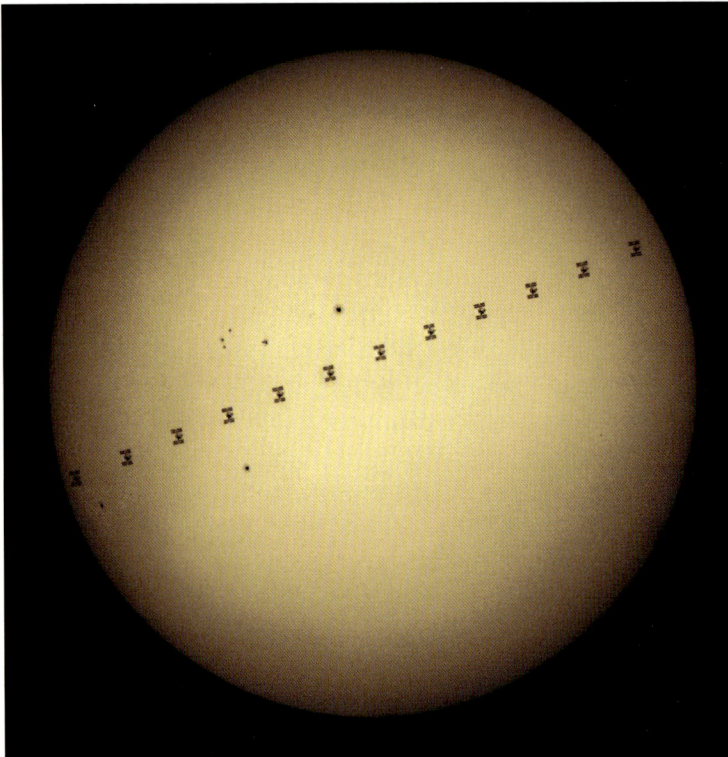

Für diese Aufnahmeserie der ISS am 3. Juli 2015 wurde während des Transits mit einem Celestron Skyris 274M Videomodul (1600 × 1200 Pixel) und 560 mm Brennweite bei maximaler Framerate aufgezeichnet, die zwölf Bilder mit der ISS wurden anschließend in Photoshop überlagert. Der Transit dauerte nur 0,6 Sekunden, als Sonnenfilter wurde AstroSolar-Folie OD 3.8 verwendet.
Bild: Johannes Baader

Sternschnuppen

Jeden Tag prasseln mehrere hundert bis tausend Tonnen Weltraumstaub auf die Erde. Das meiste sind Staubkörnchen von wenigen Millimetern Größe, die mit Geschwindigkeiten von bis zu 72 km/s in der Erdatmosphäre verglühen. In einer Höhe von etwa 100 km entsteht dabei ein mehrere 100 Meter breiter Bereich, in dem die Luft für wenige Sekunden durch Ionisierung zum Leuchten angeregt wird. Dieses Leuchten sehen wir als Sternschnuppe, das Staubteilchen, das gerade verglüht, heißt »Meteor«. Teilchen ab einer Masse von etwa zwei Gramm und einem Zentimeter Durchmesser liefern ein prächtiges Schauspiel: Sie verglühen als helle Feuerkugel oder »Bolide«. Bei ihrem Flug durch die Erdatmosphäre können sie sogar zerbrechen. Nur wenige Meteore sind groß genug, um den Erdboden zu erreichen, wo sie als »Meteorit« gefunden werden können.

Obwohl ständig kosmischer Staub in der Erdatmosphäre verglüht, gibt es Zeiten, zu denen besonders viele Sternschnuppen zu sehen sind. Dann durchquert die Erde die Bahn eines Kometen und fängt die Bestandteile auf, die dieser verloren hat. Die beste Zeit für Sternschnuppen ist die zweite Nachthälfte, idealerweise in den frühen Morgenstunden: Da sich die Erde auf ihrer Bahn um die Sonne auch um ihre eigene Achse dreht, sind wir dann auf der »Bugseite« und blicken in Flugrichtung. Und genau wie bei einem Auto, das durch einen Schneesturm fährt, scheint alles direkt von vorne zu kommen.

Wenn die Erde die Bahn eines Kometen kreuzt, der erst kürzlich zu sehen war, gibt es besonders viele Sternschnuppen – über 100 pro Stunde sind möglich (wobei das auch nur ein bis zwei Sternschnuppen pro Minute bedeutet). Die Sternschnuppen sind dabei nicht zufällig über den Himmel verteilt, sondern scheinen aus einem bestimmten Sternbild zu kommen, also denselben Ursprung am Himmel zu haben – den sogenannten »Radiant«. Das ist ein perspektivischer Effekt, der vor allem dann deutlich wird, wenn man mehrere Sternschnuppen im Bild hat (denken Sie hier wieder an die Autofahrt im Schneesturm). Die Sternschnuppenströme werden nach ihrem Radiant bezeichnet – die Perseiden im August zum Beispiel kommen aus einem Punkt im Perseus, die Leoniden aus einem Punkt im Sternbild Löwe und so weiter. Die nachfolgende Tabelle gibt einen Überblick über die größten Sternschnuppenströme.

Name	Radiant	Zeitraum	Maximum	Meteore pro Stunde (ca.-Wert)
Quadrantiden	Bootes	28. Dez. – 12. Jan.	3. Januar	120
Lyriden	Leier	16. Apr. – 25. Apr.	22. April	30
Perseiden	Perseus	17. Jul. – 24. Aug.	12. August	100
Tauriden	Stier	15. Sep. – 25. Nov.	10. November	variabel
Leoniden	Löwe	6. Nov. – 30. Nov.	17. November	15
Geminiden	Zwillinge	4. Dez. – 17. Dez.	14. Dezember	120

Die wichtigsten Sternschnuppenströme

Richten Sie Ihre Kamera während eines Sternschnuppenmaximums einfach auf das Sternbild, in dem der Radiant liegt, und lassen Sie sie arbeiten. Dabei gehen Sie wie bei einer Strichspuraufnahme vor (siehe Seite 4), halten die Belichtungszeit jedoch so kurz, dass die Sterne noch Punkte bleiben und sie nicht wesentlich länger ist als die Leuchtdauer einer Sternschnuppe – ansonsten erscheinen die Sterne unverhältnismäßig hell. Setzen Sie die Empfindlichkeit (ISO) ruhig höher, sodass Sie auch schwächere Meteore erwischen. Durch die Rauschreduzierung können Sie schwache Sternschnuppen verlieren, ein Dunkelbild (dazu später mehr auf Seite 49) ist besser. Verwenden Sie ein Weitwinkel-Objektiv und nehmen Sie ruhig den Vordergrund mit ins Bild.

Wenn Sie mehrere Bilder kombinieren wollen, um den Radiant deutlicher zu machen, gehen Sie wie bei einer normalen Strichspuraufnahme vor. Das Ergebnis zeigt dann die geraden Bahnen der Sternschnuppen vor den runden Sternspuren. Das Problem dabei: Der Radiant bewegt sich mit den Sternen mit, was über längere Zeit hinweg den Eindruck verzerrt. Daher wirken kurze Einzelbilder besser, die Sie zudem in Photoshop »stacken« können (mehr zu dieser Technik ab Seite 129) – zumindest solange Sie den Vordergrund nicht im Bild haben.

Um den Radiant im Bild festzuhalten und viele Aufnahmen zu kombinieren, benötigen Sie eine kleine Nachführeinheit (siehe Seite 63), die die Erddrehung ausgleicht. Dann stört der Vordergrund jedoch, da er sich von Bild zu Bild zu bewegen scheint (dank der Nachführung folgt Ihre Kamera ja der Erdrotation), und Sie sollten ihn möglichst nicht mit ins Bild nehmen.

Glückstreffer dank Masse: Auf einer von 170 Aufnahmen waren drei Sternschnuppen gleichzeitig zu sehen. Nikon D7100, 15mm, f/2.8, 1600 ISO, 30 s

Kometen

Sie sind seltene Gäste an unserem Himmel: die Kometen. Gelegentlich werden mehrere Dutzend Kilometer große Brocken aus Eis und Gestein von ihrer Bahn am Rand des Sonnensystems abgelenkt und kommen der Sonne nahe. Die meisten bleiben Ziele für ein Teleskop, die letzten wirklich auffälligen Kometen waren bislang Hale-Bopp und Hyakutake in den Jahren 1997 bzw. 1996.

Seitdem waren die wenigen hellen Kometen enttäuschend: Entweder waren sie von Deutschland aus kaum in der hellen Dämmerung zu sehen, bevor sie untergingen, oder sie entwickelten keinen auffälligen Schweif. Besonders frustrierend war der als Jahrhundertkomet angepriesene Komet ISON (C/2012 S1), der seinen nahen Vorbeiflug an der Sonne nicht überlebte – anstatt ein schönes Schauspiel zu bieten, verdampfte er fast vollständig. Da Kometen sich in Sonnennähe sehr schnell bewegen, ändert sich ihre Position am Himmel von Tag zu Tag deutlich.

Der Komet 17P/Holmes im Jahr 2007 war ein typischer hellerer Komet der letzten Jahre. Er kam uns und der Sonne nur so nahe, dass er lediglich als verwaschener Stern zu sehen war. Eine gute Kenntnis des Himmels und ein Fernglas waren hilfreich, um ihn zu erspähen. Auch im Teleskop blieb er ein weitestgehend strukturloser, runder Nebelfleck.

Die Aufnahme rechts gibt den Eindruck für das bloße Auge recht gut wieder. Sie entstand mit dem Kit-Objektiv einer DSLR, die bei minimalem Zoom ohne Nachführung einfach auf ein Stativ gestellt wurde. Die Aufnahme gehörte zu meinen ersten Kometenfotos und stammt aus einer Zeit, als mir die Arbeit mit RAW-Daten noch zu mühsam erschien – rückblickend bedauere ich es, dass ich die Bilder nicht zusätzlich in RAW aufgenommen habe, um später bei der Bildbearbeitung mehr Spielraum zu haben.

Seien Sie bereit

Niemand kann mit Sicherheit sagen, wann der nächste helle Komet zu sehen sein wird. Die Kometen, die der Sonne regelmäßig nahe kommen, sind bereits »verbraucht« und haben nur noch wenig Material, aus dem sich ein prächtiger Schweif entwickeln könnte. Die unverbrauchten Kometen, die noch genug Eis und Gas für ein schönes Schauspiel haben, sind in der Regel noch unentdeckt – meist gibt es nur einige Monate Vorwarnzeit, daher existieren auch in den Jahrbüchern noch keine Hinweise auf sie. Die Internetseiten der Astronomie-Zeitschriften und die Internetforen sind die verständlichsten Quellen für Neuentdeckungen. Der Webauftritt der Fachgruppe »Kometen« der Vereinigung der Sternfreunde unter *fg-kometen.vdsastro.de* enthält eher trockene Daten.

Komet 17P/Holmes am 15. November 2007
18 mm, f/3.5, 10 s, 1600 ISO, Nikon D50 (APS-C)

Sternbilder und Milchstraße

Sternbilder und die Milchstraße sind anspruchsvolle Ziele für eine Kamera auf einem Stativ. Zunächst begrenzt die Erddrehung die Belichtungszeit: Mehr als zehn bis 30 Sekunden sind nicht möglich, selbst mit einem Weitwinkelobjektiv. Sie brauchen also ein lichtstarkes Objektiv und eine Kamera, bei der Sie die ISO hochdrehen können, ohne dass das entstehende Rauschen die schwachen Sterne im Bild dominiert.

Mindestens genauso wichtig ist der Standort: Nur wenn die Milchstraße auch mit bloßem Auge zu sehen ist, können Sie sie im Bild festhalten! Leider produzieren unsere Städte so viel Licht, dass dieses selbst noch in vielen Kilometern Abstand den Nachthimmel aufhellt. Wenn unsere Erdatmosphäre heller strahlt als die viel weiter entfernten Sterne, können wir natürlich weder Sterne noch Milchstraße sehen. Es hat seinen Grund, dass die meisten Milchstraßenbilder im Vordergrund grandiose Gebirgslandschaften oder abgelegene Wüsten zeigen: Nur dort ist es dunkel genug, um die Milchstraße noch zu sehen.

Selbst wenn Sie fern der Zivilisation sind, kann es noch zu hell sein. In Vollmondnächten bleiben die meisten Astronomen zuhause, da der helle Mond dann alles andere überstrahlt – und sogar der Mond zeigt dann kaum Strukturen, da das Licht senkrecht auf ihn fällt.

Wenn Sie eine dunkle, mondlose Nacht haben und die Kamera bereit ist, müssen Sie sie eigentlich nur noch auf die Milchstraße ausrichten. Sommer und Winter sind die besten Zeiten, da die Milchstraße dann hoch über unseren Köpfen steht. Im Frühjahr und Herbst verläuft sie dagegen flach am Horizont, wo sie sich auch noch gegen den Dunst durchsetzen muss.

Probieren Sie für den Anfang eine zur Brennweite passende Belichtungszeit, bei der die Sterne noch nicht zu Strichen verzogen werden (siehe Seite 4) und verwenden Sie die automatische Rauschreduzierung. Mit Offenblende und verschiedenen ISO-Werten können Sie ausprobieren, was an Ihrem Standort mit Ihrer Kamera möglich ist. Der Einsatz von Filtern kann sinnvoll sein. Ein Lichtverschmutzungsfilter (Seite 75) kann einige Störlichtquellen beseitigen, durch den vermehrten Einsatz von LEDs werden diese Filter jedoch immer uneffektiver. Sie sind unter Namen wie IDAS-LPS, CLS, Neodym & Skyglow und ähnlichem erhältlich und blenden unterschiedliche Lichtquellen aus.

Ein Weichzeichner (Seite 71) bläht die hellen Sterne auf, sodass die Sternbilder leichter zu erkennen sind. Leider ist der am häufigsten empfohlene Filter – der Cokin 820 – nur noch als Restposten erhältlich. Der Tiffen Double Fog 3 wird gelegentlich als Alternative genannt, legt aber auch einen Nebelschleier über das gesamte Bild – kein wünschenswerter Effekt. Für länger belichtete Aufnahmen oder niedrigere ISO-Werte benötigen Sie eine Nachführung – hier ist die Astrofotografie mit einfachen Mitteln langsam am Ende.

Die Milchstraße über Kreta
11,4 mm (entsprechend 24 mm an Vollformat),
f/1.7, 13 s, ISO 800, Panasonic LX-100

Erscheinungen am Himmel

Auch wenn es bei der Astrofotografie in erster Linie um Sterne geht: Wenn Sie häufiger bei Nacht unterwegs sind, wird Ihnen noch mehr am Himmel auffallen als nur die Sterne. Für vieles sind Eiskristalle in unserer Atmosphäre verantwortlich, die die verschiedensten Effekte haben. Der Regenbogen ist mit Sicherheit das bekannteste atmosphärische Phänomen, aber wenn Sie aufmerksam sind, werden Sie noch mehr sehen.

Leuchtende Nachtwolken

Die Wolken aus Wasserdampf, die unser Wettergeschehen ausmachen, befinden sich keine zehn Kilometer über uns. In klaren Sommernächten können wir nachts gelegentlich eine gänzlich andere Art von Wolken sehen: leuchtende Nachtwolken. Sie bestehen aus Eiskristallen, die in 80 bis 85 Kilometer Höhe zu Wolken kondensieren. In Deutschland sind sie vor allem im Juni und Juli zu sehen: Dann steht die Sonne so niedrig unter dem Horizont, dass sie die extrem hochstehenden Wolken beleuchtet. In den Stunden nach Sonnenuntergang stehen sie dann hell erleuchtet am Horizont – oder auch vor Sonnenaufgang, noch bevor die eigentliche Dämmerung den Himmel erhellt.

Über Norddeutschland sind sie recht häufig zu beobachten, während Beobachter in Süddeutschland nur wenige Gelegenheiten haben. Die Aufnahme auf dieser Doppelseite entstand in einer der wenigen Nächte, in denen sie sogar aus dem Raum Augsburg gut zu sehen waren. Das Panorama aus zwei Aufnahmen entstand im manuellen Modus – wenn Sie mit Offenblende und vernünftiger ISO-Zahl arbeiten, werden Sie rasch sehen, welche Belichtungszeit nötig ist. Experimentieren Sie ruhig ein wenig: Wenn der Himmel noch nicht zu hell ist, können Sie auch ein paar Sterne mit auf das Bild bannen.

Panorama-Aufnahme von leuchtenden Nachtwolken

Diese Lichtsäule war nur wenige Minuten lang zu beobachten.

Lichtsäulen

Im Winter kann es bei ruhigem Wetter immer wieder geschehen, dass sich Eisplättchen in der Luft waagrecht ausrichten und das Licht der auf- oder untergehenden Sonne reflektieren. Dann sehen wir für wenige Minuten eine Säule aus Licht, die von der tiefstehenden Sonne direkt nach oben zeigt. Praktischerweise lässt sich dieses Phänomen bereits mit der Kameraautomatik gut im Bild festhalten – Sie müssen es nur rechtzeitig bemerken und die Kamera griffbereit haben.

Lichtsäulen sind recht häufig und an 20 bis 30 Tagen im Jahr sichtbar. Sie sind nur eine Spielart der zahlreichen Halo-Erscheinungen. Bei Tag sind immer wieder Nebensonnen zu sehen: Wie ein Regenbogen sind auf einer oder beiden Seiten der Sonne farbige Lichtspiele zu erkennen. Einen guten Überblick über die verschiedenen Halos gibt die Webseite des »Arbeitskreis Meteore« (*meteoros.de*) der Vereinigung der Sternfreunde.

Mondhalo

Die bekannteste Halo-Erscheinung ist der 22°-Ring, der den Mond mit einem Radius von eben diesen 22°-Radius umgibt. Er entsteht an willkürlich orientierten Eiskristallen in der Atmosphäre. Besonders in feuchten Herbstnächten und im Winter ist er oft zu sehen. Diese Nächte sind für die ernsthafte Astrofotografie unbrauchbar, da die Luft zu neblig ist. Einen schönen Anblick bietet dieses Phänomen trotzdem.

Um Halo-Erscheinungen zu fotografieren, benötigen Sie ein Objektiv mit möglichst großem Bildfeld – 44°-Halodurchmesser wollen auf den Sensor gebracht werden. Und damit es eindrucksvoll wirkt, sollte noch etwas Luft um die Erscheinung sein. Etwa 11 mm an APS-C-Kameras oder 16 mm an Vollformat-Kameras sind ein guter Richtwert. So haben Sie ausreichend Umgebung auf dem Bild, um später die Größe des Phänomens richtig einzuschätzen. Da gerade ein Mondhalo sehr lichtschwach ist (schließlich besteht er nur aus reflektiertem Mondlicht), sollten Sie ein Stativ verwenden. Bei Belichtungszeiten von wenigen Sekunden ist jeder Bildstabilisator überfordert und das Bild wäre verwackelt. Schalten Sie den Bildstabilisator aus (wie immer, wenn Sie auf einem Stativ fotografieren) und verwenden Sie möglichst einen Fern- oder Selbstauslöser, um Erschütterungen zu vermeiden.

Im Lauf der Zeit werden Sie eine ganze Reihe von atmosphärischen Erscheinungen sammeln, wenn Sie den Himmel aufmerksam beobachten. Das hilft Ihnen dabei, auch Schlechtwetterphasen zu überstehen, ohne dass es zu langweilig wird.

Mondhalo über der Barentssee
11 mm, f/2.8, 1 s, 1600 ISO, Nikon D7100 (APS-C)

Mondfinsternisse

Drei bis viermal im Jahr kommt es vor, dass der Mond in den Schatten der Erde eintritt. Damit sind Mondfinsternisse sogar seltener als Sonnenfinsternisse – aber da sie im Gegensatz zu diesen nicht nur von einem schmalen Streifen aus zu beobachten sind, sondern von überall, wo der Mond gerade über dem Horizont steht, können wir sie doch häufiger sehen.

Wie dunkel der Mond erscheint, lässt sich schwer vorhersagen: Es hängt davon ab, ob er den Kernschatten der Erde zentral durchläuft (dann dauert die Finsternis auch am längsten) oder nur streift, und wie viel Licht von der Erdatmosphäre in den Schatten gelenkt wird. Das zeigt auch an, wie sauber unsere Luft gerade ist. Bei einer totalen Mondfinsternis kann unser Erdtrabant fast unsichtbar sein oder in ein tief kupferrotes Licht getaucht werden.

Bei einer partiellen Mondfinsternis streift er den Erdschatten nur, was auf den ersten Blick fast wie ein Halbmond aussieht. Denselben Anblick hat man auch zu Beginn und Ende einer totalen Mondfinsternis, wenn er nur teilweise im Erdschatten ist.

Die Phasen einer totalen Mondfinsternis sind:

- **Eintritt in den Halbschatten:** Beginn der Finsternis, für das bloße Auge unscheinbar.
- **Eintritt in den Kernschatten:** Der Mond taucht in den Kernschatten der Erde ein, der Schatten ist mit bloßem Auge erkennbar. Der Anblick ist nun derselbe wie bei einer partiellen Mondfinsternis.
- **Beginn der Totalität:** Der gesamte Mond ist nun im Kernschatten und rötlich gefärbt.
- **Maximum:** Mitte der Finsternis.
- **Ende der Totalität:** Der Mond wird wieder Stück für Stück heller.
- **Austritt aus dem Kernschatten:** Hiermit endet die visuell interessante Phase.
- **Austritt aus dem Halbschatten:** Offizielles, aber unspektakuläres Ende der Finsternis – die meisten Beobachter brechen vorher ab.

Mond	Belichtungszeit bei ISO 100, f/2.8	Belichtungszeit bei ISO 100, f/4	Belichtungszeit bei ISO 100, f/8
Vollmond (unverfinstert)	1/4000 s	1/2000 s	1/500 s
Halbschattenfinsternis	1/2000 s	1/1000 s	1/250 s
Partielle Phase	1/2000–1/60 s	1/1000–1/30 s	1/250–1/8 s
Totalität	1/2 s–2 min	1 s–4 min	4 s–15 min

Typische Belichtungszeiten bei Mondfinsternissen. Doppelte ISO-Zahl bedeutet halbe Belichtungszeit.

Am 7. August 2017 kam es zu einer partiellen Mondfinsternis, bei der der Mond bereits teilverfinstert aufging. Aufnahme mit Nikon D7100 und 170-mm-Teleobjektiv bei f/5.6. 1/13 s und ISO 100.

Halbschattenfinsternisse, bei denen der Mond den Kernschatten verfehlt, sind sehr unauffällige Ereignisse. Nur, wenn Sie den Mond mit gleichen Kameraeinstellungen fotografieren, können Sie auf den Bildern sehen, dass seine Helligkeit sich leicht verändert – für das bloße Auge sind diese Helligkeitsschwankungen viel zu gering und ändern sich zu langsam.

Partielle Finsternisse kann ein Laie auf den ersten Blick mit den normalen Mondphasen verwechseln. Anders als bei einem viertel- oder halbvollen Mond verläuft die Licht-Schatten-Grenze jedoch nicht von einem Pol unseres Erdtrabanten zum anderen, sondern der runde Erdschatten schiebt sich über den Mond. Das Bild oben zeigt eine partielle Mondfinsternis. Hier stammt die Rotfärbung daher, dass er noch sehr tief am Himmel stand – die typische Rotfärbung einer Finsternis ist erst im Kernschatten zu sehen. Dieser Anblick bietet sich sowohl bei einer partiellen Mondfinsternis als auch in der partiellen Phase einer totalen Mondfinsternis.

Totale Mondfinsternisse können wir alle paar Jahre beobachten, ohne zu reisen. Abhängig von unserer Atmosphäre und davon, wie tief der Mond in den Kernschatten eintritt, erscheint er tiefrot oder fast unsichtbar. Auch während er im Kernschatten ist, können sich seine Helligkeit oder Färbung noch verändern. Je nach Verlauf der Mondbahn kann die Totalität etwa bis zu 1:45 Stunden dauern – es bleibt also ausreichend Zeit, um verschiedene Belichtungszeiten auszuprobieren.

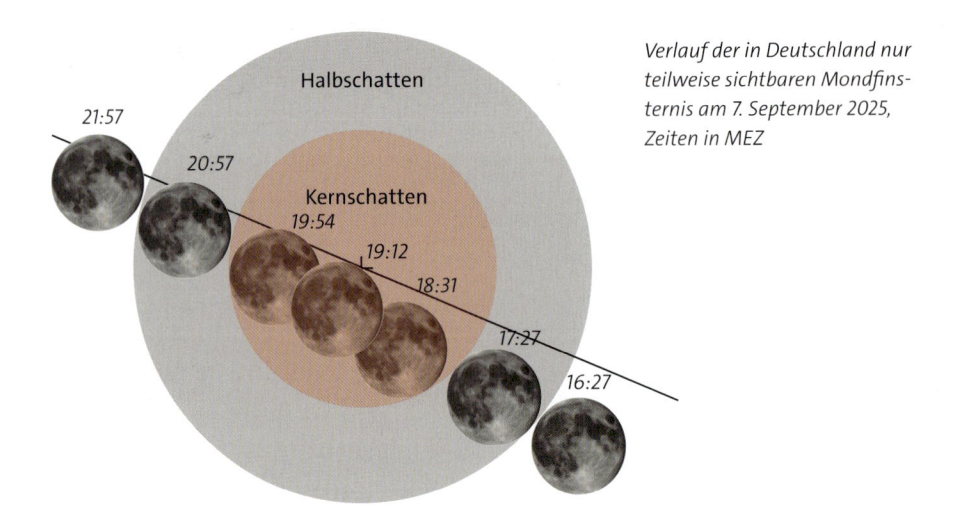

Verlauf der in Deutschland nur teilweise sichtbaren Mondfinsternis am 7. September 2025, Zeiten in MEZ

Mondfinsternisse fotografieren

Bereits mit einem gängigen Teleobjektiv von 200 bis 300 mm Brennweite lassen sich die Phasen einer Mondfinsternis schön dokumentieren. Solange der Mond am Horizont steht, sind so auch eindrucksvolle Stimmungsaufnahmen möglich. Besonders eindrucksvoll finde ich es, eine Finsternis in der freien Natur zu erleben – die seltsame Stimmung einzufangen, wenn der Vollmond fast verschwindet, ist aber praktisch unmöglich.

Erst ab Brennweiten von 500 bis 600 mm erscheint der Mond so groß, dass Sie Details auf ihm deutlich erkennen können. Bei 1300 mm (an APS-C) bzw. gut 2000 mm (bei Vollformat) ist der Vollmond bildfüllend – als Faustformel können Sie sich merken, dass er pro Meter Brennweite knapp 10 mm groß auf dem Kamerasensor abgebildet wird. Es ist ratsam, etwas unterhalb dieser Brennweiten zu bleiben: Der Mond wandert rasch über den Himmel und wenn er komplett bildfüllend ist, kann leicht ein Teil abgeschnitten werden.

Mit einem Weitwinkelobjektiv lässt sich eine Mondfinsternis nur schwer eindrucksvoll im Bild festhalten – auch wenn Mond und Sterne gleichzeitig zu sehen sind, was bei Vollmond ein ungewöhnlicher Anblick ist. Panasonic LX100, 11mm, 1,6 s @ f/1.7, ISO 1600

Die Mondfinsternis von der linken Seite im Teleskop, kurz vor der Totalität
Nikon D7100, 600 mm, ¼s @ f/7.5, ISO 800

Nehmen Sie mehrere Aufnahmen mit verschiedenen Belichtungszeiten auf: Der Kontrast zwischen dem verfinsterten und dem voll beleuchteten Teil kann sehr hoch sein, sodass wie z. B. auf dem Bild unten der beleuchtete Teil ausgebrannt ist. Unser Auge hat einen höheren Dynamikumfang als eine Kamera und kommt mit großen Helligkeitsunterschieden besser zurecht. Unterbelichtete Aufnahmen können Sie in der Bearbeitung noch aufhellen, ausgebrannte Bereiche sind verloren.

Arbeiten Sie auf jeden Fall mit Stativ und Fernauslöser oder Zeitauslöser und schalten Sie den Bildstabilisator aus. Die Tabelle auf Seite 28 gibt Ihnen Anhaltspunkte für die nötigen Belichtungszeiten, es sind aber keine absoluten Werte. Wenn Sie die ISO-Zahl verdoppeln, halbieren Sie die Belichtungszeit. Dennoch können Sie während der Totalität Belichtungszeiten erreichen, bei denen sich die Erdrotation bereits bemerkbar macht (wie auf Seite 4 beschrieben). Ohne eine Nachführung hilft dann nur eine höhere ISO-Zahl mit entsprechendem Rauschen, wenn die Blende bereits vollständig geöffnet ist.

Bei der Mondfinsternis am 3. März 2007 war ein deutlicher Farbunterschied hin zum Kernschatten erkennbar. Nikon D50, 600 mm, 0,5 s @ f/7.5, ISO unbekannt

Datum	Art	Mond im Kernschatten Totalität	Bemerkung
16.07.2019	partiell	21:00 – 0:01 MEZ –	Mond ist bei Aufgang bereits teilweise verfinstert, schöner Anblick über dem Horizont.
16.05.2022	total	3:27 – 6:56 MEZ 4:28 – 5:55 MEZ	Totalität in der Morgendämmerung – von Deutschland aus bestenfalls sehr schwer zu beobachten, in Spanien und Westfrankreich besser.
28.10.2023	partiell	20:32 – 21:56 MEZ –	Nur ein sehr kleiner Teil des Monds wird verfinstert, dafür steht Jupiter hübsch in der Nähe.
07.09.2025	total	17:26 – 25:58 MEZ 18:29 – 19:54 MEZ	Mond geht bereits verfinstert auf, schwer in der Abenddämmerung zu sehen, nur das Ende der partiellen Phase ist in Deutschland relativ gut zu beobachten.
28.08.2026	partiell	3:33 – 6:53 MEZ –	Mond wird zu 93 % verfinstert, Monduntergang etwa zur Mitte der Finsternis (bei Sonnenaufgang) – wegen der Dämmerung schwer zu sehen.
12.01.2028	partiell	4:42 – 5:45 MEZ –	Kaum wahrnehmbar: Nur 7 % des Vollmonds treffen den Kernschatten und werden verfinstert.
31.12.2028	total	16:06 – 19:38 MEZ 17:15 – 18:29 MEZ	Kurz vor Beginn der Totalität geht der Mond gegen 17:00 auf, gegen 19:35 verlässt der Mond den Kernschatten vollständig.
26.06.2029	total	2:31 – 6:13 MEZ 3:30 – 5:14 MEZ	Mond geht etwa zur Mitte der Finsternis in der Morgendämmerung unter.
20.12.2029	total	21:54 – 1:30 MEZ 23:13 – 0:11 MEZ	Erste in Deutschland in voller Länge beobachtbare Finsternis seit 2015. Mond steht hoch am Himmel.
15.06.2030	partiell	18:19 – 20:47 MEZ –	Mond geht erst gegen Ende der partiellen Phase auf.

Liste der partiellen und totalen Mondfinsternisse bis 2030, die in den nächsten Jahren von Europa aus sichtbar sind. Die unauffälligen Halbschattenfinsternisse sind nicht aufgelistet. Alle Zeiten in MEZ. Auf- und Untergangszeiten des Monds hängen von Ihrem Beobachtungsort ab und variieren für verschiedene Regionen Deutschlands und Europas.

Den Mond korrekt zu fokussieren, kann schwieriger sein, als man erwartet. In der partiellen Phase hat die Kamera noch ausreichend Helligkeit, um automatisch zu fokussieren, aber während der Totalität fehlt unter Umständen einfach das Licht. In dem Fall kann es helfen, auf ein möglichst weit entferntes Licht am Horizont zu fokussieren. An den meisten Orten ist immer irgendeine künstliche Lichtquelle oder ein heller Stern zu sehen, die mit dem Live-View der Kamera bei höchster Vergrößerung manuell fokussiert werden können.

Suchen Sie sich nach Möglichkeit schon im Vorfeld einen geeigneten Beobachtungsplatz aus. Wenn Sie nur beobachten wollen, kann die nächste Sternwarte einen Besuch wert sein – dort werden Sie aber kaum dazu kommen, zu fotografieren oder gar Ihre Kamera an eines der Sternwartenteleskope anzuschließen. Auch bei einem Beobachtungsplatz an einer Straße kann es passieren, dass Sie Besuch erhalten: Wenn die Finsternis in den Medien viel Aufmerksamkeit erfährt, ziehen Teleskope oder große Kameraobjektive Neugierige an. Wenn Sie in Ruhe beobachten wollen, suchen Sie also einen abgelegenen Ort auf.

Wenn der Mond horizontnah steht, ist die Umgebung interessant – mit etwas Vorausplanung vermeiden Sie, dass er genau hinter einem Baum oder Berg aufgeht, statt reizvoll neben einem Kirchturm oder einer Ruine. Kostenlose Smartphone-Apps wie *Celestron SkyPortal* helfen bei der Planung: Halten Sie Ihr Handy am möglichen Beobachtungsplatz in den Himmel und stellen Sie das Datum der Finsternis ein. Dann sehen Sie den Sternenhimmel zur eingestellten Zeit, inklusive der Position des Monds.

Falls Sie eine Bilderserie über den gesamten Verlauf der Finsternis planen (evtl. sogar mit einer Nachführung), sollten Sie auch darauf achten, dass sich niemand vor das Objektiv stellen kann. Gerade im Winter sollten Sie auch an warme Kleidung und Getränke sowie ausreichend Ersatzakkus für die Kamera denken – auch im Sommer kann es nachts unangenehm kühl werden!

Sonnenfinsternisse

Eine Sonnenfinsternis verläuft ganz anders als eine Mondfinsternis: Sie müssen mobil sein und die Totalität ist nach wenigen Sekunden wieder vorbei – somit bleibt keine Zeit, um während der Finsternis verschiedene Einstellungen zu proben. Vorbereitung ist also alles: Bei der totalen Sonnenfinsternis über Nordamerika 2017 war es schon ein Jahr vorher kaum noch möglich, bezahlbare Unterkünfte in der Nähe des Kernschatten-Korridors zu bekommen.

Außerdem gilt bei der Sonnenbeobachtung immer: **Schauen Sie niemals ohne einen geeigneten Filter in die Sonne, ansonsten riskieren Sie bleibende Augenschäden!** Das gilt auch beim Blick durch den Sucher einer Kamera. Das Objektiv sammelt Licht, das durch einen optischen Sucher in Ihr Auge gelangt. Sie können gar nicht so schnell wegschauen, wie ein Loch in Ihre Netzhaut gebrannt wird. Diese Schäden sind nicht heilbar. Es hat seinen Grund, dass selbst in der Anleitung von Objektiven vor dem Blick in die Sonne gewarnt wird: Auch Verschluss und Sensor einer Kamera können in Sekundenschnelle zerstört werden.

Zum Glück sind geeignete Filter günstig zu haben. Der Klassiker ist der *AstroSolar Safety Film* von Baader Planetarium, der zum Selbstbau für 20 bis 30 Euro erhältlich ist. In einer fertigen Fassung kostet er etwas mehr. Die *visuelle Folie* (OD 5) ist auch für die Fotografie durch Objektiv und Kamera geeignet; die *Foto-Folie* (OD 3,8) ist nur für sehr hohe Vergrößerungen (z. B. Okularprojektion) gedacht und für Finsternisse zu schwach. Auch Pappbrillen mit eingebauter Sonnenfilterfolie sind erhältlich. Solange die Sonne nicht vollständig verfinstert ist, müssen Sie den Filter unbedingt vor dem Objektiv lassen – nur während der Totalität dürfen Sie ihn abnehmen, um die Korona der Sonne aufnehmen zu können.

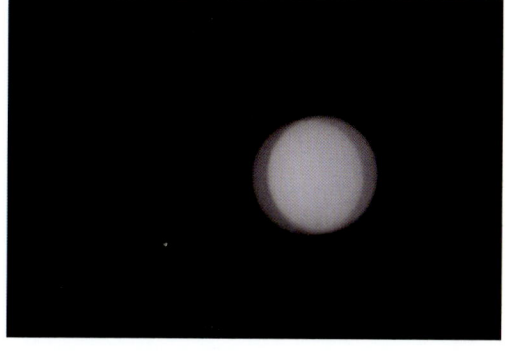

Testaufbau: DSLR mit 500-mm-Spiegel-Teleobjektiv, gefasstem Baader ASSF-Sonnenfilter (der weiße Ring vor dem Objektiv) und einer einfachen Scheinerblende (siehe Seite 94) vor dem Objektiv. Solange das Bild unscharf ist, sind zwei Sonnen zu sehen, wie die rechte Aufnahme zeigt. Am Objektiv sind außerdem zwei Ringe zu sehen, die zu einer Fokussierhilfe gehören – dieses Objektiv hat keinen Autofokus.

Ein gefasster Sonnenfilter aus Folie vor dem Objektiv. Sucher bzw. Leitrohr sind mit den Staubschutzkappen vor dem Sonnenlicht geschützt. Wenn der Filter vor dem Objektiv statt auf der Taukappe sitzt, gibt es weniger Turbulenzen und ein ruhigeres Bild bei hoher Vergrößerung.

In der Praxis ergeben sich einige Probleme, sodass Sie den gesamten Aufbau mehrmals testen sollten, damit alles funktioniert. Idealerweise lassen Sie die Kamera während der Finsternis vollautomatisch arbeiten, sodass Sie nur noch überprüfen müssen, ob die Sonne noch im Bildausschnitt ist, und zum richtigen Zeitpunkt den Filter abnehmen bzw. rechtzeitig wieder aufsetzen. Dann können Sie sich ganz auf das Beobachten konzentrieren. Wenn die Bilder nichts werden, haben Sie die Finsternis so wenigstens selbst gesehen, anstatt sich nur mit Ihrer Kamera beschäftigt zu haben.

Zum Glück gibt es heute Software, die die Kamera steuern kann. Für macOS ist der *Solar Eclipse Maestro* (*xjubier.free.fr*, Donationware) einen Blick wert, für Windows der kommerzielle *Eclipse Orchestrator* (*moonglowtechnologies.com*). Mit der Software können Sie sowohl simulieren, welche Belichtungszeiten für welche Phasen und Phänomene der Finsternisse optimal sind, als auch die Kamera steuern. Mit einem optionalen GPS-Empfänger können Sie die Aufnahmeserie auch exakt für Ihren Beobachtungsplatz optimieren – die Zeiten sind ja standortabhängig. Nehmen Sie sich aber unbedingt ein paar Tage Zeit, um die Software zu beherrschen: Es dauert einige Zeit, das Script mit den Einstellungen für die Kamerasteuerung zu schreiben, und Sie müssen es noch testen: Halten Akku und Speicherkarte durch und liegt ausreichend Zeit zwischen den einzelnen Aufnahmen?

| 200 mm | 400 mm | 500 mm | 1000 mm | 1500 mm |

Die Brennweite bestimmt, wie groß die Korona auf dem Bild erscheint.
Brennweitenangaben für Vollformat.

Mit etwas Glück funktioniert der Autofokus Ihrer Kamera auch mit dem Sonnenfilter. Schalten Sie ihn sicherheitshalber vor der Totalität aus, damit er nicht während der Totalität versagt und die Kamera verzweifelt zu fokussieren versucht. Bei einem manuellen Objektiv werden Sie rasch feststellen, dass es gar nicht so einfach ist, den Fokus zu finden: In der prallen Sonne ist es schwer, etwas auf dem Bildschirm zu erkennen, und die Hitze macht es nicht leichter. Wenn das leichte Reisestativ dann noch wackelt, wird es wirklich sportlich.

Auch hier hat der Zubehörhandel Lösungen: Von Astrogarten gibt es ein außen weißes und innen schwarzes Beobachtungstuch, unter dem Sie das Display besser erkennen können. Und wenn Sie die Kamera ohnehin per Laptop fernsteuern, können Sie auch das Livebild auf dem Laptop begutachten – idealerweise steht er im Schatten oder unter einem Laptopzelt (siehe Seite 123). Denken Sie daran, dass der Laptop ebenfalls die gesamte Zeit durchhalten muss, ggf. bei heißen Temperaturen. Eine Scheinerblende (siehe Seite 35) hilft dabei, die Bildschärfe zu beurteilen. Das ist nichts weiter als eine Pappblende mit zwei Löchern. Solange das Bild unscharf ist, sehen Sie es doppelt.

Die richtige Brennweite hängt davon ab, was Sie fotografieren wollen. In der Regel wird das die Sonnenkorona sein. Dann empfehlen sich Brennweiten um 500 mm. So bleibt ausreichend Raum um die Sonne, damit Sie nicht während der Finsternis das Objektiv wechseln müssen. Je nach Belichtungszeit und Größe der Sonnenkorona haben Sie gute Chancen, dass sie noch in das Bild passt. Machen Sie unbedingt Aufnahmen mit verschiedenen Belichtungszeiten! Wenn die Kamera nicht automatisch läuft und Sie ein Zoom-Objektiv verwenden, können Sie Brennweite und Ausrichtung kurzfristig ändern – vergessen Sie nur nicht, neu zu fokussieren! Eine Zweitkamera lohnt sich.

Weitwinkelobjektive ermöglichen Stimmungsaufnahmen oder gar Serienaufnahmen, die den gesamten Verlauf einer Sonnenfinsternis dokumentieren, wenn sie anschließend in Photoshop zusammengefügt werden. So sind auch ungewöhnlichere Bilder möglich, die sich von der Masse der Detailaufnahmen abheben.

Die Sonnenfinsternis im März 2016 auf den Molukken in der Totalen. Bild: Martin Rietze

Mehrere Phasen der gleichen Finsternis bei stehender Kamera zusammenmontiert. Bild: Michael Riesch

Partielle Sonnenfinsternisse

Im Vergleich zu partiellen Mondfinsternissen sind partielle Sonnenfinsternisse eher unspektakulär. Sie verlaufen genau wie die partielle Phase einer totalen Sonnenfinsternis und dürfen nur durch geeignete Filter beobachtet werden. Da der Helligkeitsabfall gering ist und erst auffällt, wenn ein Großteil der Sonne vom Mond verdeckt ist, kann man sie leicht verpassen.

Auch fotografisch machen sie nicht viel her. Immerhin zeigen sich bei langer Brennweite und ausreichend kurzen Belichtungszeiten erste Details auf der Sonne: Die Sonnenflecken und die Granulation der Oberfläche werden sichtbar – mehr dazu im Kapitel über Sonnenfotografie ab Seite 140. Aber achten Sie einmal auf den Mondrand: Er ist nicht perfekt rund, sondern zerklüftet: Die Berge und Krater auf seiner Oberfläche heben sich schwarz vor der hellen Sonnenscheibe ab.

Ein anderer Effekt lässt sich auf dem Boden beobachten, wenn das Sonnenlicht durch die Blätter eines Baums auf eine helle, ebene Oberfläche scheint. Noch besser sehen Sie ihn, wenn Sie kleine Löcher in ein Blatt Papier stechen: Diese wirken dann wie Lochkameras und Sie sehen lauter kleine Sonnensicheln.

Als Sonderfall seien noch die ringförmigen Sonnenfinsternisse erwähnt: Dabei handelt es sich um totale Sonnenfinsternisse, bei denen der Mond wegen seines größeren Abstands zur Erde zu klein ist, um die gesamte Sonne zu bedecken. Somit ist die Sonne als heller Ring zu sehen und die Korona bleibt unsichtbar.

Kleine Löcher z. B. in Blättern wirken wie Lochkameras und projizieren während einer partiellen Sonnenfinsternis viele kleine Sonnensicheln.

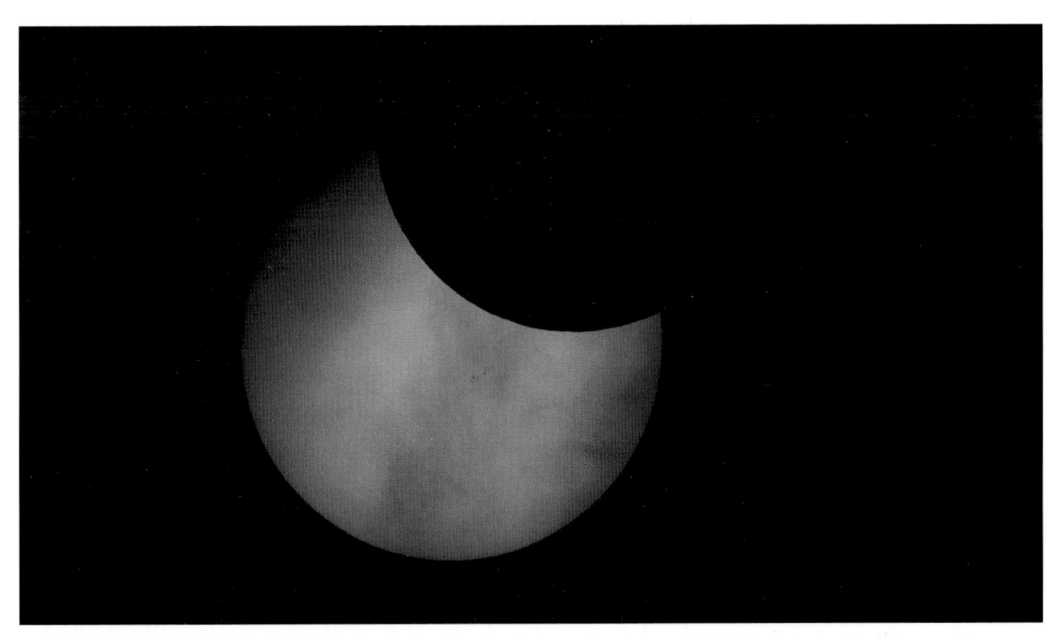

Die partielle Sonnenfinsternis vom 4. Januar 2011 hinter Wolken. Durch die Wolkenschleier sind eine kleine Gruppe von Sonnenflecken sowie der unregelmäßige Mondrand zu erkennen.

Datum	Art	Totalität (max. Dauer)	Bemerkung
21.06.2020	ringförmig	00m38s	In Südosteuropa partiell. Ringförmig in Zentralafrika, Südasien, China, Pazifik.
10.06.2021	ringförmig	03m51s	In Europa partiell. Ringförmig in Nordkanada, Grönland, Russland.
25.10.2022	partiell		Zur Mittagszeit in fast ganz Europa sichtbar.
08.04.2024	total	04m28s	Im norwestlichsten Europa partiell. Total in USA, Mexiko, Ostkanada.
29.03.2025	partiell		In ganz Nordwesteuropa zu sehen, Bedeckung jedoch nur ca. 25%. In Labrador ist die Sonne zu 94% bedeckt.
12.08.2026	total		Total in Spanien, Island.
02.08.2027	total	06m23s	In Europa partiell. Total u. a. in Marokko, Spanien, Algerien, Tunesien, Libyen, Ägypten.
12.06.2029	partiell		In Nordeuropa sichtbar
01.06.2030	ringförmig	05m21s	Ringförmig u. a. in Algerien, Tunesien, Libyen, Malta, Griechenland, Türkei, Russland.

Liste der partiellen und totalen Sonnenfinsternisse bis 2030, die von Europa aus sichtbar sind.

Phänomen	Belichtungszeit bei ISO 100, f/8
Partielle Phase, Filter OD3,8	1/4000 s
Partielle Phase, Filter OD5	1/500 s
Baileys Beads/Perlschnureffekt (ohne Filter)	1/4000 s
Chromosphäre (ohne Filter)	1/2000 s
Protuberanzen (ohne Filter)	1/1000 s
Diamantring (ohne Filter)	1/60 s
Korona (ohne Filter)	1/250 s bis 4 s

Typische Belichtungszeiten bei Sonnenfinsternissen

Die Korona der totalen Sonnenfinsternis vom August 2017.
Canon EOS 70D f/8, 18-mm-Objektiv. 1/125 s bei 100 ISO. Bild: Volker Lang

Die richtige Kamera

Die vorherigen Seiten haben einen Überblick darüber gegeben, was mit einer guten Kamera möglich ist. Werfen wir nun also einen Blick auf Anforderungen, die eine Kamera für die Astrofotografie erfüllen sollte.

Anforderungen

Im Prinzip können Sie jede Kamera für die Astrofotografie verwenden, die einen vernünftigen manuellen Modus bietet. Das ist keine Selbstverständlichkeit: Gerade Kompaktkameras begrenzen gerne ISO-Zahl oder Belichtungsdauer, damit das Bildrauschen nicht zu stark wird. Kameras mit Wechselobjektiven sind in der Regel gut geeignet (egal, ob Mirrorless oder DSLR). Auch einige Kompaktkameras mit lichtstarkem Objektiv eignen sich. Allerdings neigen Kompaktkameras dazu, das Objektiv bei Arbeitspausen einzufahren – dann müssen Sie unter Umständen neu fokussieren.

Theoretisch ist es egal, ob Sie mit einer Vollformat-, einer APS-C- oder gar einer Micro-Fourthirds-Kamera (MFT) arbeiten. Vollformatkameras besitzen aber in der Regel einen rauschärmeren Sensor mit größeren Pixeln als kleinere Kameras. Das »Megapixel-Rennen« ist hier kontraproduktiv – für die Astrofotografie ist ein rauscharmer Sensor wichtiger als einer mit hoher Auflösung. Dafür stellen Vollformatkameras höhere Ansprüche an die Optik: Der große Sensor will bis zum Rand ausgeleuchtet werden, was gerade an Teleskopen problematisch sein kann. Unter Astrofotografen weit verbreitet sind die Kameras von Canon (die auch für Astrofotografie umgebaut werden können, siehe Seite 114), gefolgt von Nikon und Sony. Wenn Sie bereits eine Kamera haben: Probieren Sie sie aus! Wenn Sie die Anschaffung einer Kamera speziell für die Astrofotografie planen, sollten Sie die nachfolgenden Punkte berücksichtigen. Falls die Kamera auch für normale Fotografie genutzt werden soll, achten Sie darauf, wie Sie mit der Bedienung zurecht kommen und ob sie gut in der Hand liegt – gerade im Einsteigersegment ist das wichtiger als der Hersteller der Kamera.

Manueller Modus und lichtstarkes Objektiv – das sind die wichtigsten Anforderungen an eine Astro-Kamera.

Folgende Eigenschaften sollte eine Kamera haben, die Sie für die Astrofotografie nutzen wollen:

- **Manueller Modus:** Je einfacher Sie Blende, Belichtungszeit und ISO einstellen können, desto besser. Bei Einsteigermodellen müssen hier oft Funktionstaste und Einstellrad gleichzeitig bedient werden.
- **Rauscharmut:** Vielleicht die wichtigste Eigenschaft ist, wie stark die Kamera bei hoher ISO oder langer Belichtungszeit rauscht. Je mehr Megapixel eine Kamera hat, desto höher ist die Gefahr des Bildrauschens (beim Vergleich von Kameras derselben Generation).
- **Fernauslöser, PC-Steuerung:** Die Kamera muss über einen Anschluss für einen programmierbaren Fernauslöser verfügen – sei es per Stecker oder Funk. Einfache Modelle mit Infrarotempfänger können allerdings nicht ferngesteuert werden. Dann können Sie keine Aufnahmeserien programmieren, sondern müssen mit dem Timer daneben stehen. Langzeitaufnahmen am Teleskop, bei denen für mehrere Aufnahmen identische Belichtungszeiten benötigt werden, sind so nicht möglich. Und wenn Sie den Auslöser an der Kamera bedienen, werden Sie jedes Foto verwackeln.
- Einige Kameras bieten auch die Möglichkeit für **Intervallaufnahmen:** Ein praktisches Feature, das Ihnen den Fernauslöser ersparen kann.
- **Spiegelvorauslösung und Shuttervorauslösung:** Pflicht für jede DSLR. Der Spiegelschlag und auch der mechanische Verschluss (Shutter) würden sonst gerade bei langen Brennweiten zu Schwingungen führen, die das Bild verwackeln.
- **Objektivauswahl:** Für die Platzhirsche wie Nikon und Canon gibt es eine Vielzahl von lichtstarken Objektiven auch von Fremdherstellern – bei weniger verbreiteten Marken und Systemen ist die Auswahl eingeschränkter, für Vollformatsensoren ist sie größer als für APS-C. Insbesondere für MFT gibt es kaum lichtstarke Ultraweitwinkelobjektive, sie kommen erst allmählich auf den Markt.
- **Unveränderte RAWs:** Manche Kameras liefern keine unveränderten RAW-Dateien, sondern glätten sie zur Rauschreduzierung – und vernichten dabei schwache Sterne. Sony hatte diese Funktion per Firmwareupdate nachträglich eingeführt und so Kameras, die zuvor sehr gut für die Astrofotografie geeignet waren, unbrauchbar gemacht. Dieses »Star Eater-Problem« ist mittlerweile weitestgehend beseitigt – aber seien Sie generell vor Firmwareupdates gewarnt, wenn eine Kamera auch ohne sie gut funktioniert.

- **Wechselakku/Batteriegriff:** Bei kaltem Wetter halten Akkus nicht so lange durch und eine zusätzliche Stromversorgung ist eine Überlegung wert. Batteriegriffe sind schwer (was vor allem am Teleskop ein Problem sein kann), bieten aber die Möglichkeit für den Einsatz eines Zweitakkus. Zumindest sollten Sie aber einen zweiten Akku anschaffen, damit Sie ihn im Fall der Fälle tauschen können. Eine gute Alternative ist ein Akku-Dummy mit angeschlossener Powerbank: Diese Kombination wiegt weniger und kann lange durchhalten.
- **Live-View, Klappdisplay:** Zu den größten Herausforderungen bei der Astrofotografie gehört das Einstellen der richtigen Schärfe, wenn der Autofokus überfordert ist. Früher gab es dafür Sucherlupen, heute bieten Kameras mit Live-View eine gute Alternative: Das Bild wird in Echtzeit auf dem Display dargestellt und kann digital vergrößert werden. Mit einem Klappdisplay ist das auch dann komfortabel, wenn die Kamera in den Himmel und das Display nach unten zeigt.

Objektive

Das Objektiv ist für die Abbildungsqualität zuständig und überlebt in der Regel mehrere Kameras. Es lohnt sich hier also, Qualität zu kaufen. Die Kit-Objektive, die vor allem bei Einsteigerkameras mitgeliefert werden, sind zwar für erste Versuche brauchbar, aber um eine Kamera auszureizen, lohnt sich die Anschaffung weiterer Objektive – die nicht zwangsläufig vom Kamerahersteller kommen müssen. Wichtige Faktoren sind:

- **Brennweite:** Sie definiert das Bildfeld. Weitwinkel zwischen ca. 10 und 20 mm sind ideal für Landschaftsaufnahmen mit der Milchstraße oder Sternschnuppen. Normalobjektive im Bereich von etwa 30 bis 50 mm sind für die Fotografie von Sternbildern oder hellen Kometen geeignet, Teleobjektive für Details wie Planetenkonstellationen, Kometen oder Sternhaufen. Brennweiten ab etwa 500 mm sind für Gesamtaufnahmen von Sonne und Mond geeignet, ebenso wie für Deep-Sky-Objekte wie Galaxien und Nebel – hier kommen wir aber schon in die Domäne kleiner Teleskope. Um den Mond formatfüllend abzubilden, benötigen Sie 1300 mm oder mehr.

  Dem unterschiedlichen Bildfeld bei Vollformat und APS-C waren wir im Abschnitt über Strichspuren (siehe Seite 4) schon begegnet, für weitere Brennweiten finden Sie in der Tabelle auf Seite 46 einige Werte. Mehr zur Berechnung des Bildfelds finden Sie ab Seite 98.

- **Lichtstärke, Blende:** Gibt das Verhältnis von Öffnung zu Brennweite an. Ein Objektiv mit einer 100 mm großen Frontlinse und 500 mm Brennweite hat ein Öffnungsverhältnis von 1:5, man spricht dann von Blende 5 oder f/5. Eine kleine Zahl ist dabei besser – lichtstarke Objektive erreichen Blendenwerte von f/1.4 oder mehr. Teleskope oder einfache Objektive haben einen festen Blendenwert; bei modernen Objektiven kann die Blende über eine eingebaute Irisblende verändert werden – das erhöht die Tiefenschärfe, also den Bereich, in dem Objekte scharf abgebildet werden. Das ist für Portraitfotografen interessant, die einen unscharfen Hintergrund erreichen wollen – in der Astrofotografie sind für die Kamera alle Objekte unendlich weit entfernt. Interessanter ist, dass durch Abblenden die Schärfe am Bildrand steigen kann. Durch Abblenden um ein oder zwei Blendenstufen können verzerrte Sterne am Bildrand (vgl. Seite 96) schärfer werden, allerdings verdoppelt sich die Belichtungszeit mit jeder vollen Blendenstufe, um die abgeblendet wird.
- **Randschärfe:** Astrofotografie stellt die höchsten Ansprüche an eine Optik. Während in der Alltagsfotografie Unschärfen am Rand von unruhigen Motiven kaum auffallen oder sogar bewusst mit Unschärfe gespielt wird, erwarten Astrofotografen bis zum äußersten Bildrand nadelscharfe Sterne. Festbrennweiten sind hier gegenüber Zoomobjektiven überlegen, aber auch sehr teure Objektive müssen meist leicht abgeblendet werden – je nachdem, welche Ansprüche Sie an Ihre Bilder stellen.
- **Zoom oder Festbrennweite:** Festbrennweiten bieten meist die bessere Abbildungsqualität. Trotzdem können Sie natürlich auch vorhandene Zoom-Objektive benutzen. Vorsicht: Beim Blick nach oben kann es passieren, dass der Zoom-Mechanismus der Schwerkraft nachgibt, sodass sich Bildausschnitt und Schärfe während einer Aufnahme verändern.
- **Filtergewinde:** Bei Wechselobjektiven sind Filtergewinde eigentlich Standard, während selbst hochwertige Kompaktkameras oft kein Gewinde anbieten.

Brennweite	Bildwinkel (Vollformat)	Bildwinkel (APS-C, Cropfaktor 1,6)
50 mm	27° × 40°	17° × 26°
85 mm	16° × 24°	10° × 15°
135 mm	10° × 15°	6,5° × 10°
200 mm	7° × 10°	4,5° × 6,5°
500 mm	4,1° × 2,7°	2,5° × 1,7°
1000 mm	2,1° × 1,4°	1,3° × 0,8°
2000 mm	1° × 0,7°	0,6° × 0,4°

Das Bildfeld von Vollformat- und APS-C-Kameras bei verschiedenen Brennweiten.

Stative

Über die Auswahl des perfekten Stativs könnte man ein Buch schreiben und im Handel dann doch nicht fündig werden. Stabilität und Transportabilität sind die wichtigsten Faktoren. Meiner Erfahrung nach sollten Sie auf diese Punkte achten:

- **Stabilität und Schwingungsdämpfung:** Natürlich muss ein Stativ möglichst stabil sein. Aluminium ist günstig und schwer, Carbon ist leicht und teuer, Holz dämpft Schwingungen besonders gut und ist auch bei Frost nicht unangenehm, wenn man es anfasst. Aber es kommt nicht nur auf das Material an, sondern auch auf die Qualität der Gelenke. Vermeiden Sie Plastik-Stative und Stative mit vielen Beinsegmenten.

- **Anschluss:** Bessere Stative haben eine 3/8"-Schraube (»großes Fotogewinde«) am Stativkopf, um den Kugelkopf zu befestigen, oder bieten zumindest per Adapter auch das kleinere 1/4"-Gewinde, das sich auch in Kameras findet. Videoneiger bieten oft mehr Stabilität als Kugelköpfe und lassen sich feinfühliger ausrichten, da sie nicht versehentlich zur Seite kippen können. Viele Modelle können den Zenit jedoch nicht erreichen.

Ein stabiler Neigekopf erleichtert das Ausrichten der Kamera – auch wenn Sie die Kamera manchmal umdrehen müssen, um in den Zenit zu kommen.

- **Transport:** Wenn das Stativ Sie auch auf Flugreisen begleiten soll, ist neben dem Eigengewicht das Packmaß wichtig (Sie werden es im Koffer transportieren müssen). Mehr als drei Beinsegmente sollte es trotzdem nicht haben, sonst wird es zu instabil. Besser ist es, wenn sich die Beine umklappen lassen, sodass beim Transport der Kugelkopf zwischen den Stativbeinen liegt. Denken Sie auch an eine Tasche oder einen Tragegurt: Wenn Sie zu entlegenen Beobachtungsplätzen unterwegs sind, können Sie das Stativ so leichter transportieren.

Tipp

Mehr Stabilität bieten große Stative mit einer »Stativspinne«. Alternativ können Sie auch z. B. einen Rucksack zwischen die Stativbeine hängen – ein paar Spanngummis zur Ladungssicherung im Auto helfen dabei (Bild siehe Seite 57). Wenn Sie den Rucksack an einen Haken unter dem Stativkopf hängen, sichern Sie ihn zusätzlich an zwei Stativbeinen – ansonsten haben Sie ein Pendel unter Ihrem Stativ angebracht. Zusätzliche Stabilität erreichen Sie auch, wenn Sie die Stativbeine und die Mittelstange nicht ganz ausziehen.

Kameraeinstellungen

Das Wichtigste zuerst: Lernen Sie Ihre Kamera kennen! Manche Optionen sind gut versteckt und wenn Sie sie im Dunkeln erst suchen müssen, verlieren Sie wertvolle Zeit. Mindestens genauso wichtig ist, dass Sie alles zusammen aufbewahren. Wenn Sie alles Zubehör in einer Fototasche lagern, können Sie nichts vergessen, wenn Sie fotografieren gehen.

An der Kamera müssen Sie nur ein paar Einstellungen kennen und beherrschen, um den Sternenhimmel zu fotografieren.

- **Blende:** Sollte so weit geöffnet sein wie möglich. Stellen Sie also nach Möglichkeit eine kleine Zahl ein: f/3.5, f/2.8 oder gar f/1.4 sind gute Werte, wenn sie das Objektiv hergibt. Nehmen Sie ein paar Probebilder mit verschiedenen Blendenwerten auf und schauen Sie sich die Sterne am Bildrand an – dann sehen Sie schnell, welche Blende Sie an Ihrem Objektiv sinnvoll einsetzen können. Je kleiner die Blendenzahl, desto größer die Blendenöffnung und desto kürzer sind die nötigen Belichtungszeiten.

  Der Bildrand ist für die Einstellung der Blende deshalb interessant, weil dort die Abbildungsfehler am größten sind und Sterne dort daher am stärksten zu kleinen »Kometen« verzerrt werden können. Für eine gute Randabbildung müssen die meisten Objektive deshalb um einige Stufen abgeblendet werden, was natürlich Belichtungszeit kostet. Wie stark Sie abblenden, hängt von der Qualität des Objektivs und dem Verwendungszweck ab: Wenn Sie die Bilder ohnehin nicht in voller Auflösung verwenden, fallen kleine Verzeichnungsfehler nicht so sehr auf. Gerade wenn Sie ohne Stativ fotografieren, sind kurze Belichtungszeiten wichtiger als eine perfekte Randabbildung – schließlich führt die Erddrehung ebenfalls zu unscharfen Sternen.

  Jeder Wechsel um eine volle Blendenstufe bedeutet eine Verdoppelung bzw. Halbierung der Belichtungszeit. Die meisten Kameras ermöglichen heute die Einstellung der Blende in Drittel-Blendenstufen. Eine Blendenreihe sieht wie folgt aus, die vollen Blendenstufen sind rot und kursiv markiert:

  f/*1* – 1.1 – 1.2 – *1.4* – 1.6 – 1.8 – *2* – 2.2 – 2.5 – *2.8* – 3.2 – 3.5 – *4* – 4.5 – 5.0 – *5.6* – 6.3 – 7.1 – *8*

  In der Alltagsfotografie wird mit der Blende vor allem die Schärfentiefe geregelt. Bei geschlossener Blende wird ein größerer Bereich scharf abgebildet, bei offener Blende nur der Teil, auf dem der Fokus liegt. Portraitfotografen verwenden gerne eine offene Blende, damit der Hintergrund unscharf wird. In der Astrofotografie sind alle Objekte unendlich weit entfernt, daher regelt die Blende hier wirklich nur die Lichtmenge.

- **Belichtungszeit:** Astrofotografie bedeutet in der Regel Belichtungszeiten von mehreren Sekunden bis zu vielen Minuten. Normalerweise können Sie maximal eine Belichtungszeit von 30 Sekunden einstellen, für längere Belichtungszeiten benötigen Sie den Bulb-Modus. Dann wird die Aufnahme durch Drücken des Auslösers gestartet bzw. beendet, ein Fernauslöser übernimmt das erschütterungsfrei. Falls Sie Serienbilder machen und die 30-Sekunden-Einstellung der Kamera nutzen: Stoppen Sie einmal ab, ob die Kamera auch wirklich 30 Sekunden belichtet, oder nicht doch länger – vor allem bei Canon kommt es vor, dass die Kamerasteuerung 32 Sekunden belichtet, was bei Intervallaufnahmen zu Problemen führt.

- **Histogramm:** Sie können nicht beliebig lang belichten, da irgendwann alle Pixel gesättigt wären und das Bild weiß erschiene. Überbelichtete, »ausgebrannte« Bildbereiche sind nicht mehr zu retten, während aus unterbelichteten Bildregionen noch etwas zu machen ist. Schauen Sie sich daher nach einer ersten Testaufnahme einmal das Histogramm an.

    Sie sehen einen bergförmigen Graph, der die Helligkeitsverteilung im Bild angibt. Ganz rechts ist hell, der Berg sollte also nicht an den rechten Rand heranreichen

    Blick auf das Histogramm (oben rechts im Display): Es sollte weder rechts noch links anstoßen.

    – ansonsten wären Teile überbelichtet. Der linke Rand entspricht Schwarz bzw. unbelichtet, der Graph sollte sich vom linken Rand gelöst haben. Ideal ist es, wenn der Graph sich mindestens im linken Drittel befindet. Dann ist der Himmelshintergrund auf jeden Fall heller als das Grundrauschen der Kamera. Das Licht von Sternen und Nebeln verteilt sich dann auf den rechten Bereich, ohne dass Teile überbelichtet sind – dann haben Sie die besten Rohdaten.

- **Rauschunterdrückung und Dunkelbild:** Wenn Sie die Bilder nachträglich bearbeiten, können Sie diese Funktionen abschalten und z. B. in DeepSkyStacker durchführen. Ein Dunkelbild (»Darkframe« oder »Dark«) ist eine Aufnahme mit exakt denselben Einstellungen wie das eigentliche Foto, allerdings mit geschlossenem Verschluss oder aufgesetztem Objektivdeckel. Wenn sie zeitnah erstellt wird – also direkt nach dem Bild oder zumindest vor oder nach einer Aufnahmeserie – hat der Sensor auch dieselbe Temperatur und das Rauschverhalten ist mit der eigentlichen Aufnahme identisch. Da sich das Rauschen mit der Temperatur verändert, können Sie nicht einfach immer dasselbe Dunkelbild verwenden.

Bei langen Belichtungszeiten von mehreren Sekunden erstellen viele Kameras automatisch ein Dunkelbild und ziehen es gleich von der eigentlichen Aufnahme ab. So wird das Bildrauschen verringert. Das ist komfortabel und vor allem beim Einstieg in die Astrofotografie eine gute Idee, da es die spätere Bildbearbeitung vereinfacht. Allerdings benötigen Sie so doppelt so viel Zeit für jedes Bild. Bei kurzen Belichtungszeiten – also, wenn Sie ohne Nachführung arbeiten – stört das nicht. Aber wenn Sie mit Nachführung arbeiten und vielleicht fünf Minuten pro Bild belichten, macht es einen Unterschied, ob Sie zehn bis zwölf Einzelbilder pro Stunde aufzeichnen oder nur fünf bis sechs.

- **ISO:** Die ISO entspricht der Empfindlichkeit des Sensors. Wie zu Zeiten analoger Fotografie gilt: Je höher die ISO, desto körniger bzw. verrauschter ist das Bild. Allerdings bedeutet eine höhere ISO bei einer Digitalkamera im Prinzip nur eine digitale Verstärkung des Sensorsignals, da der Sensor ja nicht getauscht wird. Bei ISO-Werten jenseits von ca. 1600 (bei modernen Vollformatkameras auch etwas mehr) gehen die Sterne im Rauschen unter.

  Es gibt verschiedene Quellen für das Bildrauschen. *Auslese- und Verstärkerrauschen* entstehen in der Kamera immer dann, wenn der Sensor ausgelesen und seine Daten weiterverarbeitet werden. Da es nur einmalig in die Aufnahme eingeführt wird, ist sein Anteil an den Bilddaten geringer, wenn länger belichtet wird. Das *Photonenrauschen* ist jegliches Streulicht bis hin zu kosmischer Strahlung, das der Sensor registriert.

> **Hinweis**
>
> Bei der Gelegenheit sei noch kurz auf »Flats« hingewiesen: Das sind Bilder, die mit den identischen Blendeneinstellungen wie die eigentlichen Aufnahmen (die »Lights« oder »Lightframes«) aufgenommen werden, jedoch eine gleichmäßig ausgeleuchtete Fläche zeigen. Sie dienen dazu, später in der Bildbearbeitung dunkle Flecken durch Schmutz auf der Optik oder ungleichmäßige Ausleuchtung und Vignettierung zu beseitigen.

Das *Dunkelstromrauschen* (auch »thermisches Rauschen«) entsteht auf dem Sensor und ist temperaturabhängig. Etwa 7° Erwärmung führen zu doppeltem Rauschen. Deshalb werden professionellere CCD-Kameras aktiv gekühlt. Dieses Rauschen ist zufällig verteilt, also auf jeder Aufnahme anders. Daher sollten Sie mehrere Dunkelbilder aufnehmen, das einzelne Dunkelbild der Kamera hilft hier wenig. Bei älteren Kameras hat sich sogar die Abwärme der Kameraelektronik als »Verstärkerglühen« bemerkbar gemacht: Eine Bildecke war immer heller, selbst bei aufgesetztem Objektivdeckel. Dieses Rauschen ist – genau wie »heiße« (dauerleuchtende) oder »tote« (defekte) Pixel – auf jedem Bild gleich. Durch Dithering kann es effektiv herausgerechnet werden. Dabei wird das Bild zwischen zwei Aufnahmen um einige Sterndurchmesser versetzt; wenn die Einzelaufnahmen später auf die Sterne ausgerichtet werden, kann das Dunkelstromrauschen herausgerechnet werden, während echte Signale (die dann auf jedem Bild an derselben Stelle sind) verstärkt werden. Ein guter Autoguider (siehe Seite 106) koordiniert das Dithering mit der Kameraauslösung.

Jeder Sensor hat einen ISO-Bereich, in dem Lichtausbeute und Rauschen in einem guten Verhältnis zueinander stehen. Jenseits dieser ISO-Werte erzielen Sie identische oder gar bessere Ergebnisse, wenn Sie das Bild am PC nachbearbeiten. Eine hohe ISO-Zahl bedeutet also keine bessere Lichtausbeute, sondern nur, dass man das gesammelte Licht besser auf dem Kameradisplay sieht. Auf das eigentliche Signal-Rausch-Verhältnis in der Aufnahme hat die ISO also keinen Einfluss. Sie können daher mit einer recht niedrigen ISO arbeiten, bei der das Rauschen des Kamerasensors möglichst wenig stört. Nur die modernsten Sensoren sind praktisch ISO-frei, hier ist das Rauschen von der ISO unabhängig und erlaubt auch hohe Empfindlichkeiten.

Die Bestimmung der optimalen ISO ist nicht trivial. Zum Glück wurden diese Werte für viele Kameras bereits bestimmt. Für Kameras von Canon, Nikon und Sony finden Sie die Werte unter *dslr-astrophotography.com/iso-dslr-astrophotography*.

Ansonsten gilt als Richtwert: Machen Sie ein paar Testaufnahmen mit identischer Belichtungszeit und aufgesetztem Deckel bei verschiedenen ISO-Werten und vergleichen Sie, ab wann das Rauschen überhand nimmt. Verwenden Sie diesen Wert als Höchstwert für die ISO oder bleiben Sie etwas darunter. Das ist zwar nicht so exakt, aber gibt Ihnen schon einmal eine gute Orientierung.

- **Fernauslöser, Selbstauslöser und Spiegelvorauslösung:** Der Druck auf den Auslöser führt zu verwackelten Bildern, selbst bei Weitwinkelobjektiven. Verwenden Sie also nach Möglichkeit einen Fernauslöser, um unnötige Be-

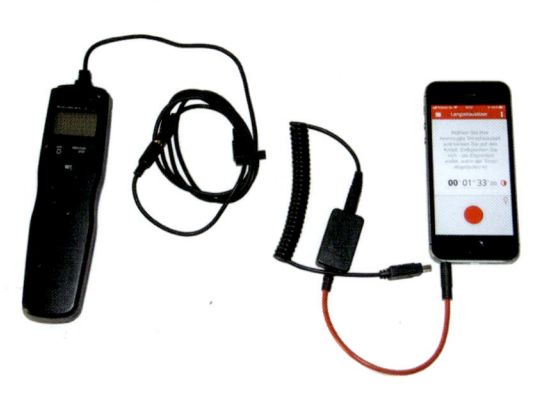

Ein programmierbarer Fernauslöser (links) oder das Handy als Auslöser (rechts, hier mit einem Adapter von Triggertrap zum Anschluss an den Kopfhörerausgang des Smartphones) – Möglichkeiten zur Kamerasteuerung gibt es viele.

rührungen der Kamera zu vermeiden. Falls Sie keinen Fernauslöser verwenden können, benutzen Sie den Selbstauslöser der Kamera. Bei einer Spiegelreflex sollten Sie möglichst die Spiegelvorauslösung aktivieren, um Erschütterungen zu reduzieren.

- **Intervallaufnahme:** Einige Kameras bieten die Möglichkeit für Intervall- oder Serienbildaufnahmen. Das ist sehr praktisch, da Sie so eine Aufnahmeserie nur noch starten müssen. Den Rest macht die Kamera automatisch. Da Sie sie nicht mehr anfassen müssen, vermeiden Sie auch verwackelte Bilder. Geben Sie der Kamera zwischen zwei Aufnahmen ausreichend Zeit, um ein Bild zu speichern, ggf. das Dunkelbild aufzuzeichnen oder bei aktivierter Spiegelvorauslösung den Spiegel hochzuklappen. Alternativ können Sie auch einen programmierbaren Fernauslöser verwenden, falls Ihre Kamera das unterstützt. Überprüfen Sie auch einmal, ob die Auslösezeiten stimmen, die Sie eingeben. Manchmal wird alle 32 Sekunden eine Aufnahme ausgelöst, obwohl Sie 30 Sekunden eingestellt haben.

- **Autofokus:** Zumindest in Mitteleuropa sind wirklich dunkle Standorte selten, sodass Sie meistens eine helle Lichtquelle am Horizont finden, auf die ein Kameraobjektiv mit dem Autofokus scharf stellen kann. Auch der Halbmond ist gut geeignet – bei Vollmond ist es für sinnvolle Astrofotografie ohnehin zu hell. Mit etwas Glück können Sie sogar an einem hellen Stern scharf stellen. Fokussieren Sie auf ihn, schalten Sie dann den Autofokus aus und machen Sie eine Probeaufnahme, die Sie bei höchster Vergrößerung auf dem Monitor begutachten. Um über das gesamte Bildfeld hinweg scharfe Sterne zu erzielen, sollten Sie nicht auf ein Objekt im Zentrum fokussieren, sondern auf eines etwa auf halbem Weg zwischen Bildrand und -mitte. So berücksichtigen Sie die Bildfeldwölbung lichtstarker Objektive. Wenn alles passt: Berühren Sie Fokus- und ggf. Zoomring nicht mehr.

Eine Feineinstellung für die Schärfe eines Objektivs mit manuellem Fokus, hier der TeleFok von Teleskop-Service Ransburg.

Leider ist es bei modernen Objektiven nicht mehr möglich, den Fokusring einfach bis zum Anschlag auf Unendlich zu drehen: Damit der Autofokus funktioniert, muss die Fokusmechanik etwas über den idealen Fokuspunkt hinaus fokussieren können. Die Entfernungsmarkierungen sind daher nur grobe Orientierungspunkte. Dazu kommt, dass sich die Fokuslage bei großen Temperaturschwankungen verlagern kann.

Falls der Autofokus versagt, können Sie versuchen, mit dem Live-View der Kamera manuell an einem hellen Stern zu fokussieren. Leider ist es nicht trivial, so den richtigen Fokus zu treffen (vor allem, wenn das Stativ etwas wackelt), aber manchmal ist das die einzige Möglichkeit für scharfe Bilder.

- **RAW/JPEG:** Die Frage nach der Bildqualität ist einfach: So gut wie möglich! Das RAW-Format bietet Ihnen die meisten Optionen bei der Nachbearbeitung, schon weil es einen größeren Dynamikumfang beinhaltet. Bei der RAW-Konvertierung können Sie deutlich mehr Einstellungen vornehmen als bei JPEG und so mehr Details herausarbeiten.

  Das JPEG-Format ist dagegen einfacher zu handhaben, vor allem wenn Sie noch keine komfortable Software zur Bearbeitung von RAW-Bildern wie z. B. Adobe Lightroom verwenden. Auch wenn Sie zu dem Schluss kommen, dass Sie mehr an der Bildaufnahme als an der Bildbearbeitung interessiert sind, ist das JPEG-Format interessant. Nehmen Sie die Bilder im Zweifelsfall sowohl im RAW- als auch im JPEG-Format auf: Dann können Sie die JPEGs für die Quick-and-Dirty-Bearbeitung verwenden und haben immer noch die RAWs, falls Sie später doch tiefer einsteigen wollen, wenn Sie mehr Erfahrung gesammelt haben. Festplatten sind billig und bessere Kameras lassen Sie beide Formate speichern.

- **Bildstabilisierung:** Auf einem Stativ sollte der Bildstabilisator immer ausgeschaltet werden, da er ansonsten versucht, nicht vorhandene Bewegungen auszugleichen und so die Bilder erst recht verwackeln.

- **Weißabgleich:** Die Kamera weiß nicht, welche Farbe das Licht hat, das eine Szene beleuchtet, und kann beim Abschätzen des Farbtons daneben liegen. Für die Astrofotografie sollten Sie die Einstellung *Tageslicht* oder rund 5500 K versuchen, bei starker Lichtverschmutzung darf der Wert auch etwas kühler sein – rund 4000 K bzw. *Glühlampe* oder *Kunstlicht*. Wenn Sie es genau machen wollen, nehmen Sie noch ein Bild einer Graukarte auf und führen Sie damit einen manuellen Weißabgleich durch. Solche Karten haben einen einheitlichen Grauton. Die besseren Kameras bieten einen individuellen (*Custom*) Weißabgleich an, den Sie einstellen können, indem Sie die Karte fotografieren. Wenn Sie RAW fotografieren, können Sie den Weißabgleich beim Entwickeln im RAW-Konverter nachträglich korrigieren.

Der richtige Standort

Ein Teleskop zeigt genau das, was das bloße Auge auch sieht – nur besser. Dasselbe gilt für die Kamera. Heute sind sehr leistungsstarke Teleskope auch für Amateurastronomen erschwinglich, aber es gibt immer weniger Standorte, an denen sie ihre Leistung auch ausspielen können. Das künstliche Licht unserer Städte hellt noch aus vielen Kilometern Entfernung den Himmel auf. Wenn die Sterne dunkler sind, werden sie einfach überstrahlt und bleiben für uns verborgen. Lichtverschmutzungsfilter können helfen, aber nichts ist besser als ein guter, dunkler Beobachtungsplatz. Übrigens ist diese Lichtverschmutzung nicht nur für Astronomen ein Problem, sondern auch für viele nachtaktive Tiere und den menschlichen Biorhythmus.

Vergleichen Sie einmal in einer dunklen, mondlosen Nacht den Himmel in Stadtnähe und an einem wirklich dunklen Ort – Sie werden verblüfft sein! Das Geheimnis hinter vielen eindrucksvollen Nachtaufnahmen ist nichts anderes als ein dunkler Standort, der lange Belichtungszeiten überhaupt erst möglich macht. Zum Glück müssen Sie im Zeitalter der Satellitenaufklärung nicht mehr auf gut Glück durch die Gegend fahren, bis Sie einen dunklen Sandort finden. Mehrere Webseiten stellen die entsprechenden Daten leicht verständlich zur Verfügung. Besonders anschaulich ist die Seite *lightpollutionmap.info*. Auf *lichtverschmutzung.de* gibt es weitere Informationen zur Thematik und Links zu weiteren Karten.

Der zweite Faktor ist das Wetter, das sich nie langfristig vorhersagen lässt. Als recht zuverlässig hat sich *windy.com* erwiesen, das auch als App für das Smartphone verfügbar ist. Auf der Karte wird unter anderem die Bewölkung in verschiedenen Höhen dargestellt. Zusammen mit weiteren Wetterdiensten wie *kachelmannwetter.com* oder dem norwegischen Wetterdienst *yr.no* können Sie so recht gut abschätzen, wann sich das Beobachten lohnt. Vergessen Sie dabei aber nicht die Mondphase!

Auf *meteoblue.com* gibt es den Punkt *Astronomical seeing*. Hier finden Sie eine Prognose zum »Seeing«, oder auf Deutsch: zur Luftunruhe. Wabert die Luft und werden die Sterne daher flimmern oder gibt es eine ruhige Nacht, in der auch hoch vergrößert werden kann? Gerade für die Fotografie der Planeten mit langen Brennweiten (ab Seite 135) benötigen Sie sehr ruhige Luft.

Leider haben die wenigsten Menschen das Glück, an einem dunklen Ort mit konstant schönem Wetter zu wohnen. Für gute Bilder müssen Sie also mobil und flexibel sein – achten Sie daher darauf, dass Ihre Ausrüstung transportabel ist. Je weniger Sie tragen müssen, desto öfter werden Sie sie einsetzen!

Dreimal der Kleine Wagen mit denselben Kameraeinstellungen und zur selben Zeit nach Sonnenuntergang: aus der Innenstadt (links), am Dorfrand (unten links) und aus den Alpen (unten rechts). Der Einfluss der Lichtverschmutzung ist deutlich. Jeweils 30 Sekunden bei 800 ISO, 18 mm bei f/3.5. Nikon D50.

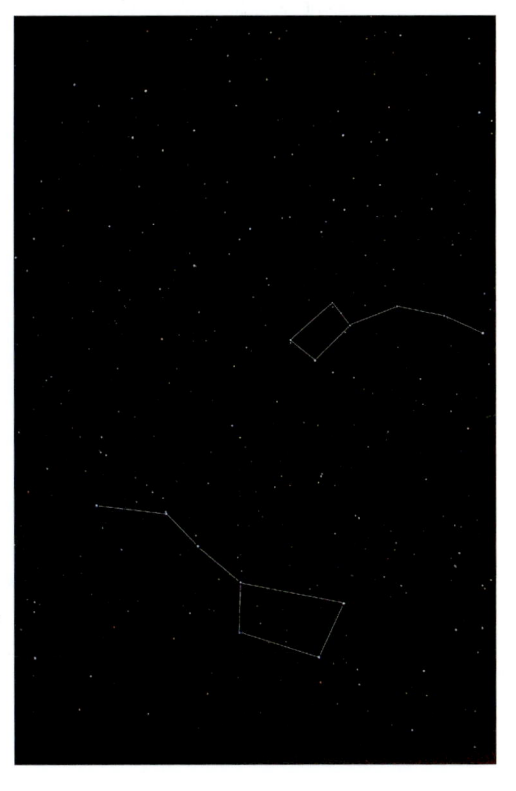

Der richtige Standort

Checklisten und Zubehör

Gute Vorbereitung ist das halbe Leben. Wenn Sie erst einmal an Ihrem Beobachtungsplatz sind, ist es in der Regel zu spät, um fehlende Teile zu holen. Besorgen Sie sich am besten einen Fotorucksack oder eine Tasche, in der Sie alles beisammen halten, was Sie für die Astrofotografie benötigen. Falls Sie Ihre Ausrüstung aufteilen, weil Sie oft mit der Kamera unterwegs sind, machen Sie sich am besten eine kleine Checkliste, damit Sie nichts vergessen. Wenn Sie einen eigenen Astro-Rucksack haben, können Sie auch in jedes Fach einen Zettel mit Notizen legen, was hinein gehört. Nichts ist ärgerlicher, als in einer guten Nacht draußen zu sein und dann fehlt ein Adapter oder eine Ersatzbatterie.

Neben den bislang erwähnten Dingen und all dem, was ohnehin zur Kamera gehört, sollten Sie noch an folgende Sachen denken:

- **Gegenlichtblende:** Bei größeren Objektiven gehört eine Gegenlichtblende zum Lieferumfang – benutzen Sie sie! Sie schützt das Objektiv nicht nur vor Streulicht, sondern gibt auch einen leichten Schutz gegen Taubeschlag im Herbst.
- **Objektivheizung:** In kalten Nächten kühlt das in den Himmel gerichtete Objektiv rasch aus und Tau schlägt sich auf der Linse nieder. Um das zu verhindern, muss das Objektiv etwas wärmer sein als die Umgebung. Heizmanschetten oder Objektivheizungen erwärmen es leicht. Modelle mit USB-Anschluss können über eine Powerbank betrieben werden. Für Teleskope gibt es auch Lösungen mit anderem Stromanschluss.

In kalten Frühlings- und Herbstnächten kann das Objektiv beschlagen. Eine Heizmanschette, z. B. mit USB-Anschluss für die Stromversorgung über eine Powerbank, schafft Abhilfe.

- **Stativ und Ballast:** Dass Sie für Langzeitbelichtungen ein Stativ samt passendem Kugel- oder Neigekopf und ggf. der Ansatzplatte für die Kamera benötigen, sollte klar sein. Damit der Aufbau stabiler ist, sollten Sie auch noch etwas Ballast mitnehmen, den Sie zwischen die Stativbeine hängen können. Das kann ein Dreieckstuch sein, das als Zubehörablage zwischen die Beine gehängt wird und als Stativ- oder Steinebeutel im Fotohandel erhältlich ist. Oder Sie hängen einfach Ihren Fotorucksack mit ein paar Spanngurten zwischen die Stativbeine. Das hat den Vorteil, dass Ihr Rucksack nicht im nassen Gras liegt, und eventuell kommen Sie sogar bequemer an den Inhalt heran. Achten Sie nur darauf, dass er nicht schwingt – sonst haben Sie ein Pendel.
- **Ersatzakkus:** Im Dauereinsatz und bei Kälte lassen Akkus rasch nach. Denken Sie an Ersatz – auch für Fernauslöser und alles andere, was Strom benötigt.

Ein Gewicht unter dem Stativ sorgt für mehr Stabilität. Hier wurde der Fotorucksack zwischen die Stativbeine gespannt.

- **Werkzeug und Reinigungsmittel:** Sei es ein loses Stativbein oder Schmutz auf der Optik: Schraubenzieher, Inbusschlüssel und Putzmittel sollten immer dabei sein.
- **Taschenlampe:** Sowohl beim Aufbau als auch beim Abbau in der Dunkelheit hilft eine gute Taschenlampe – zur Not auch die vom Smartphone. In der Astronomie sind Taschenlampen beliebt, die zwischen Rot- und Weißlicht umschaltbar sind. Sie erhalten die Dunkeladaption, damit Sie die Sterne weiterhin sehen, ohne geblendet zu sein.
- **Snacks und Getränke:** Astrofotografie ist langweilig, wenn die Kamera die Nacht durcharbeitet und Sie nichts zu tun haben. Je nach Jahreszeit sind warme Getränke kein Fehler.
- **Passende Kleidung:** Auch Sommernächte können kalt werden. Eine Jacke ist nicht nur wegen des zusätzlichen Stauraums in den Jackentaschen ein guter Begleiter. Im Winter sind Thermo-Einlegesohlen für die Schuhe hilfreich, ebenso wie Fotohandschuhe, bei denen Sie die Fingerspitzen hochklappen können. So lassen sich die Kameraeinstellungen ändern, ohne gleich den gesamten Handschuh ausziehen zu müssen.

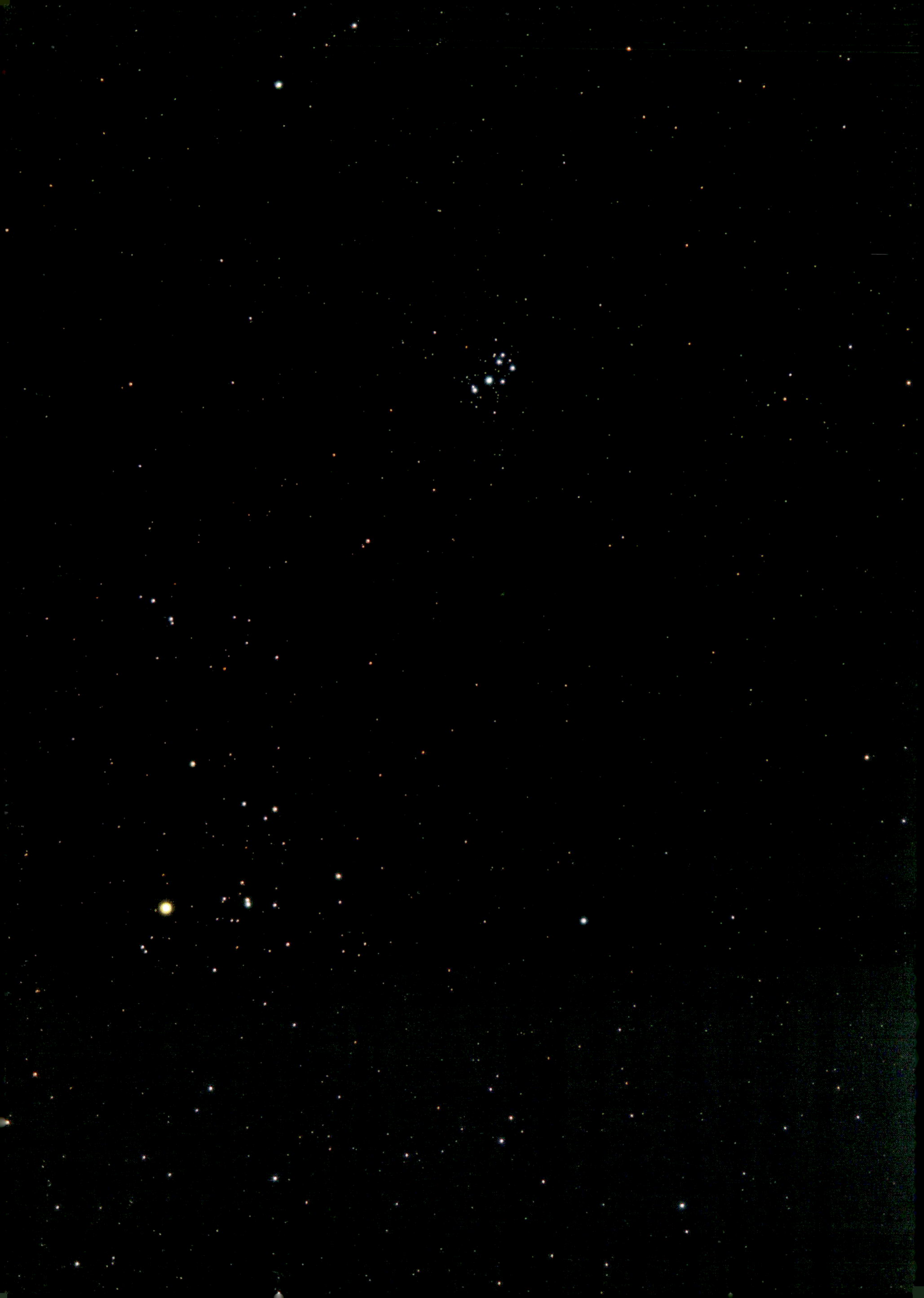

Kapitel 2

Die nachgeführte Kamera

Mit stehender Kamera lässt sich schon viel anfangen, aber für längere Belichtungszeiten benötigen Sie eine Nachführung, die die Erddrehung ausgleicht. Für Brennweiten bis ca. 200 mm gibt es mittlerweile eine Reihe kleiner, bezahlbarer Nachführeinheiten (»Star Tracker« oder »Reisemontierungen«), die die Brücke zu schweren Teleskop-Montierungen schlagen und Sie in den Urlaub begleiten können.

Nikon D7100 mit Sigma Art 30 mm f/1.4, Nachtlicht-Filter und Cokin P820. 20 x 13 s, ISO 800, nachgeführt mit Star Adventurer, Aufnahmeort am Stadtrand.

Star Tracker, Piggyback, Montierung mit Prismenklemme

Viele günstige Einsteigerteleskope werden als »fototauglich« beworben. Dabei denkt natürlich jeder (außer der Marketingabteilung) an langbelichtete Aufnahmen *durch* das Teleskop. Leider haben diese günstigen Montierungen nur einen einfachen Nachführmotor in einer Achse und keine Möglichkeit, um sie exakt auf den Himmelspol auszurichten. Damit sind bei großen Brennweiten keine langen Belichtungszeiten möglich, da die Montierung nicht exakt nachführen kann. Jedoch sind Planetenfotos möglich (die keine langen Belichtungszeiten benötigen) und Bilder mit einer aufgesattelten (»Piggyback«-)Kamera: Viele solcher günstigen Teleskope haben an einer Rohrschelle ein Fotogewinde mit Kontermutter, an der Sie einen Kugelkopf oder eine Kamera mit Objektiv befestigen können. Bei kurzen Brennweiten fallen Fehler beim Einnorden noch nicht so sehr ins Gewicht – und die Versprechen der Werbung sind erfüllt! Für manche Teleskope gibt es solche »Piggyback«-Adapter auch separat zu kaufen.

Eigentlich kann man dann das Teleskop auch gleich weglassen. Gerne werden die Montierungen aus unterdimensionierten Einsteiger-Teleskopsets separat verkauft. Das ohnehin zu schwere Teleskop wird durch einen Kameraanschluss ersetzt und die Montierung ist so ihrer Aufgabe besser gewachsen. Ein anderer Ansatz sind Prismenschienen mit Fotogewinde, mit denen ein Kugelkopf auf eine vorhandene, stabile Teleskopmontierung gesetzt werden kann.

Ein Adapter von einem Standard-Schwalbenschwanz vieler Teleskop-Montierungen auf ein Fotogewinde. So kann eine Kamera direkt auf eine Montierung gesetzt werden.

Konsequent zu Ende gedacht, gelangt man zu einer reinen Fotomontierung, die für Kameras optimiert ist. Als sogenannte »Barndoor«-Montierung wurden solche Kamera-Plattformen schon früh von Sternfreunden selbst gebaut – die Purus-Montierung mit Uhrwerksantrieb ist ein Klassiker der Sternfeldfotografie. Mittlerweile gibt es eine ganze Reihe solcher Reisemontierungen auch käuflich zu erwerben. Die aktuell bekanntesten sind:

- **AstroTrack:** Massive, aber teure Nachführeinheit mit Spindelantrieb für sehr gleichmäßige Nachführung.
- **Vixen Polarie:** Japanische Wertarbeit, war als einer der ersten kompakten Star Tracker auf dem Markt. Leider ist der Preis recht hoch – und der Polsucher kostet extra.
- **Sky-Watcher Star Adventurer:** Tragfähige, aber recht schwere Kleinmontierung, im Set mit Polhöhenwiege und Polsucher vergleichsweise preisgünstig. Kann auch visuell für kleine Teleskope genutzt werden.
- **iOptron SkyTracker Pro:** Günstige Montierung mit eingebautem Akku und Polsucher.
- **Omegon Minitrack LX2:** Kompakte Nachführeinheit, die ohne Batterien läuft – quasi der Nachfolger der Purus mit Uhrwerksantrieb.
- **Baader Planetarium nano.tracker:** Die kleinste und kompakteste Nachführeinheit am Markt.
- **Syrps Genie Mini:** Eigentlich eine Timelapse-Plattform, die sich aber auch für die Astrofotografie »missbrauchen« lässt, wenn die richtige Drehgeschwindigkeit eingestellt wird.

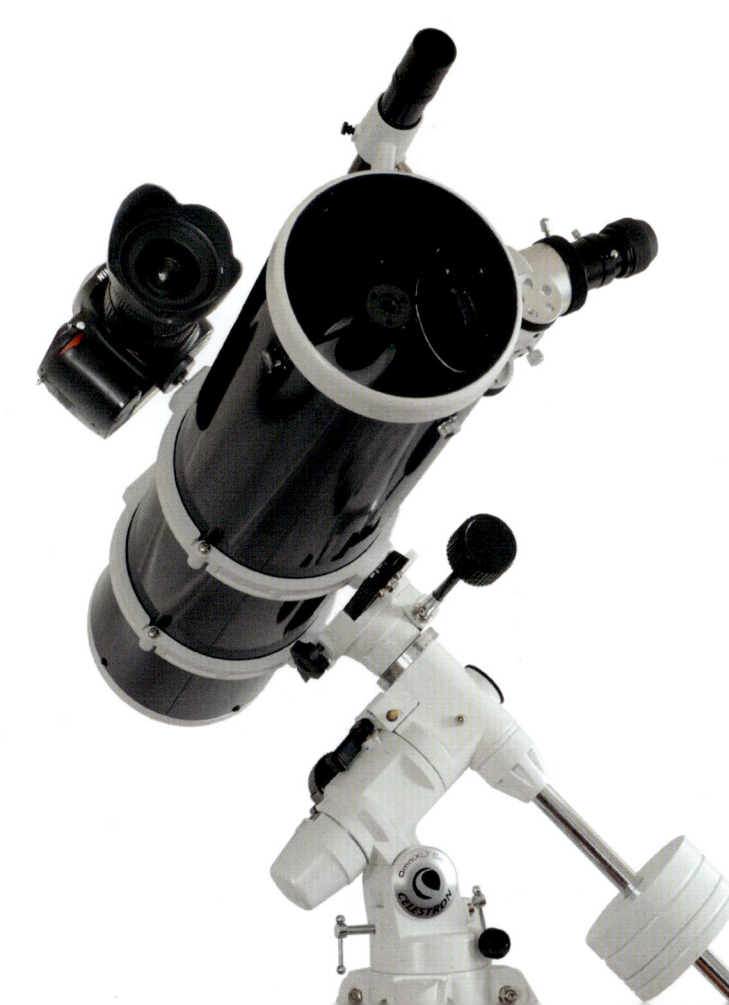

Huckepack auf dem Teleskop: So lassen sich auch günstige Fernrohre für die Astrofotografie nutzen.

Darüber hinaus sind in den letzten Jahren noch einige weitere Modelle auf den Markt gekommen. All diesen »Star Trackern« ist gemein, dass sie für kurze Brennweiten und maximal ein paar Kilogramm Zuladung gedacht sind – also weniger für die Vollformat-DSLR mit 300-mm-Objektiv, sondern eher für reisetaugliche Kameras. Die kleinen Modelle ohne Polsucher wie Minitrack oder nano.tracker und ähnliche verfügen meist nur über ein Peilrohr, über das der Polarstern angepeilt wird. Damit sind sie nur für kurze Brennweiten bis ca. 70 mm geeignet. Die größeren Modelle mit Polsucher sind schon richtige kleine Astro-Montierungen, die auch bis 200 oder 300 mm nachführen können. Hier hängt die Nachführgenauigkeit vor allem davon ab, wie genau Sie die Montierung aufstellen.

Einige Modelle lassen sich sogar zu einer vollwertigen Fernrohr-Montierung mit Gegengewichten und Deklinationsachse ausbauen oder bieten einen Autoguider-Eingang.

Was noch fehlt

Alle diese Nachführeinheiten bestehen im Prinzip nur aus einem kleinen Motor, der über ein Getriebe eine Achse antreibt, die möglichst exakt parallel zur Erdachse stehen muss. Zum eigentlichen Star Tracker gehört auch die Steuerelektronik, über die die Nachführgeschwindigkeit eingestellt werden kann. Neben der Sterngeschwindigkeit bieten die meisten auch eigene Nachführgeschwindigkeiten für Sonne und Mond an, was vor allem für Finsternisse inte-

Ein »gepimpter« Sky-Watcher Star Adventurer: Der Winkelsucher am Polsucher ermöglicht einen bequemen Einblick von oben, und mit dem seitlich montierten Leuchtpunktsucher lässt sich die Montierung schon einmal grob auf den Polarstern ausrichten, damit er im Polsucher leichter zu finden ist.

ressant ist. Sonne und Mond bewegen sich vor dem Hintergrund der Fixsterne, was sich im Lauf von einigen Stunden deutlich bemerkbar macht. Gelegentlich kommt es vor, dass der Mond sich vor einen hellen Stern oder Planeten schiebt. Nach längstens einer Stunde hat unser Erdtrabant ihn dann passiert und der Stern taucht auf der anderen Seite des Monds wieder auf. Sie können sich dann entscheiden, ob Sie auf den Stern oder (wahrscheinlicher) auf den Mond nachführen wollen. Interessant ist auch die halbe Sterngeschwindigkeit: So kann die Belichtungszeit bei Aufnahmen mit Landschaft im Vordergrund etwa um die Hälfte verlängert werden, ohne dass Sterne und Vordergrund zu sehr verschwimmen.

Neben der eigentlichen Nachführeinheit benötigen Sie noch ein möglichst stabiles Stativ (ein Gewicht zwischen den Stativbeinen sorgt auch hier für mehr Stabilität). Auf den Star Tracker wird ein Kugelkopf gesetzt, mit dem Sie die Kamera ausrichten können. Er sollte sich leicht verstellen lassen – ich habe die besten Erfahrungen mit Modellen gemacht, die eine Panoramafunktion haben. So können Sie die gesamte Kamera frei auf dem Star Tracker rotieren und ausrichten.

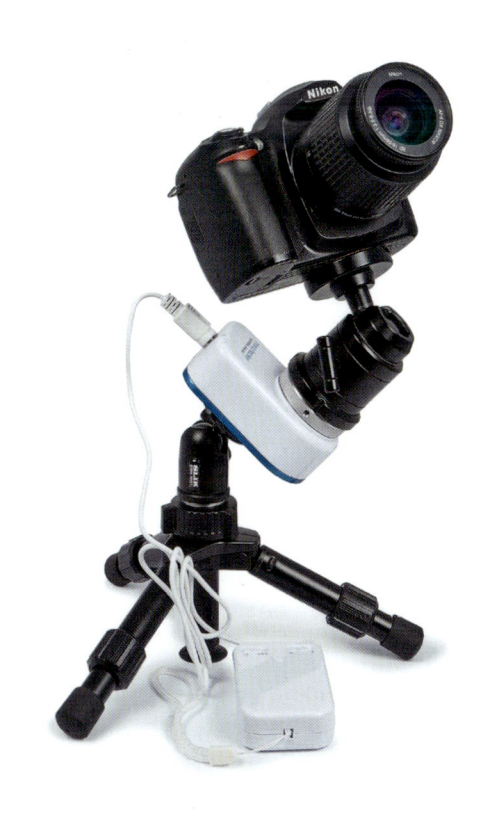

Ultrakompakt: Gerade bei kleinen Kameras passt eine Astro-Nachführung wie der nano.tracker wunderbar ins Reisegepäck. Bild: Baader Planetarium.

Für die Ausrichtung der Nachführachse auf den Himmelspol benötigen Sie einen zweiten Kugelkopf, der zwischen Stativ und Star Tracker montiert wird. Statt eines Kugelkopfs verwende ich lieber einen Videoneiger bzw. Zwei- oder Dreiwegeneiger. So kann der ganze Aufbau nicht zur Seite kippen und ich kann Horizonthöhe und Winkel (Azimut) separat einstellen. Ideal ist ein Getriebeneiger oder eine Polhöhenwiege.

Für einige Modelle wie Sky-Watcher Star Adventurer, Vixen Polarie oder AstroTrack werden direkt passende Polhöhenwiegen angeboten. Über das große 3/8"-Fotogewinde lassen sie sich auch mit den meisten anderen Modellen verbinden. Wichtig ist dabei, dass der ganze Aufbau stabil ist und kein Spiel hat – überprüfen Sie, ob alle Schrauben fest sitzen. Wenn sich das Stativ nach dem im nächsten Abschnitt beschriebenen Einnorden bewegt, war Ihre Mühe umsonst. Vergessen Sie dabei auch den Erdboden nicht: Wenn das Stativ im Lauf der Nacht in den lockeren Erdboden einsinkt, beeinflusst das die Nachführgenauigkeit ebenfalls.

Einnorden

Für die kleinen Nachführeinheiten gilt dasselbe wie für eine große astronomische Montierung: Nur bei exakter Ausrichtung auf den Himmelspol kann eine Montierung auch so exakt nachführen, wie das mechanisch möglich ist. Wenn Sie sich auf kürzere Brennweiten und Belichtungszeiten beschränken, fallen Nachführfehler nicht so sehr auf.

Die kleineren Nachführeinheiten verzichten daher oft komplett auf einen Polsucher, stattdessen gibt es nur ein einfaches Peilrohr, über das der Polarstern angepeilt werden kann. Dazu müssen Sie den Polarstern am Himmel finden (verlängern Sie einfach die Verbindungslinie zwischen den beiden hinteren Kastensternen des großen Wagens, wie auf Seite 66 gezeigt; wenn Sie sich am Himmel noch nicht auskennen, hilft auch eine App wie das kostenlose *Celestron SkyPortal* für iOS und Android). Mit ein wenig Übung können Sie den Himmelspol so rasch einstellen – vorausgesetzt, dass Sie durch das Peilrohr schauen können. Mancher Star Tracker ist so kompakt, dass das Stativ den Blick durch das Polsucherrohr unmöglich macht.

Einnorden mit dem Smartphone

Wenn Sie ein modernes Smartphone mit ebener Rückseite haben und möglichst wenig magnetisches Metall am Stativ ist, das den eingebauten Kompass ablenkt, können Sie sehr komfortabel einnorden. Legen Sie einfach das Handy auf den Star Tracker oder – falls die Nachführeinheit zu viel Eisen enthält – auf die Polhöhenwiege/den Zweiwegeneiger und lassen Sie sich von der App den

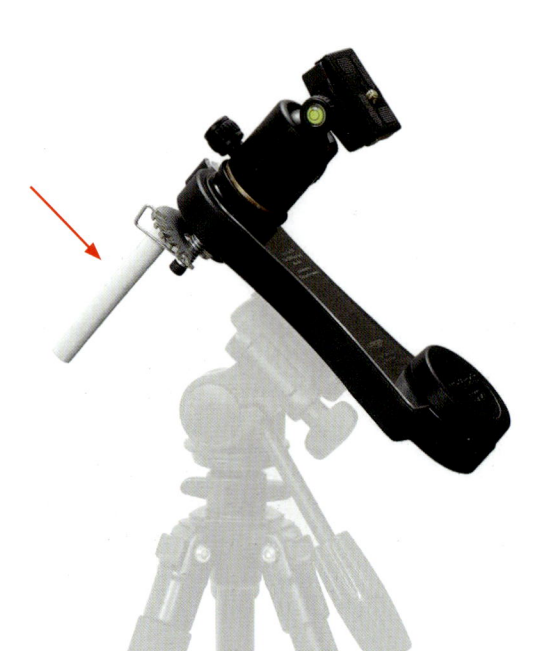

Ein einfaches Polsucherrohr (siehe Pfeil) am Omegon Mini Track LX-2

südlichen Himmelspol anzeigen (weil das Handy nach unten zeigt). Je genauer das gelingt, desto genauer ist die Montierung dann eingenordet.

Einige Apps zeigen die Himmelskoordinaten an, auf die das Handy ausgerichtet ist, oder erlauben es sogar, die Wunschkoordinaten einzugeben. Dazu genügt es, wenn Sie eine Deklination von -90° einstellen. Da die Smartphones keinen hochpräzisen Kompass haben, ist so keine perfekte Einnordung möglich, aber für Übersichtsaufnahmen von Sternbildern genügt es.

Einnorden mit dem Handy: Apps wie Star Map Pro zeigen die Himmelskoordinaten an – bei einer Deklination von -90° haben Sie den südlichen Himmelspol gefunden.

Einnorden mit dem Polsucher

Eine Montierung mit Polsucher können Sie wesentlich genauer einstellen. Dabei handelt es sich um ein kleines Fernrohr, das in die Nachführachse (die sogenannte »Rektaszensionsachse«) eingebaut ist. Es hat ein Fadenkreuz, in das eine Markierung für den Polarstern eingeätzt ist.

Der Polarstern steht etwa ein halbes Grad oder einen Vollmonddurchmesser neben dem Himmelspol. Daher dreht er sich wie alle anderen Sterne auch um den nördlichen Himmelspol. Der Polsucher muss also mit der Rektaszensionsachse für die aktuelle Zeit eingestellt werden. Dazu gibt es ein paar Skalen, um Datum und Uhrzeit sowie den Längengrad des Beobachtungsplatzes anzugeben. Einige Modelle haben auch Skizzen der Sternbilder Großer Wagen und Cassiopeia eingeritzt. Diese Sternbilder sehen Sie im Polsucher nicht, aber sie helfen dabei, leichter die richtige Orientierung zu finden. Wenn sie genau so stehen, wie Sie sie am Himmel mit bloßem Auge sehen, ist die Achse mit dem Polsucher korrekt ausgerichtet und Sie können den Polarstern in seine Markierung bringen.

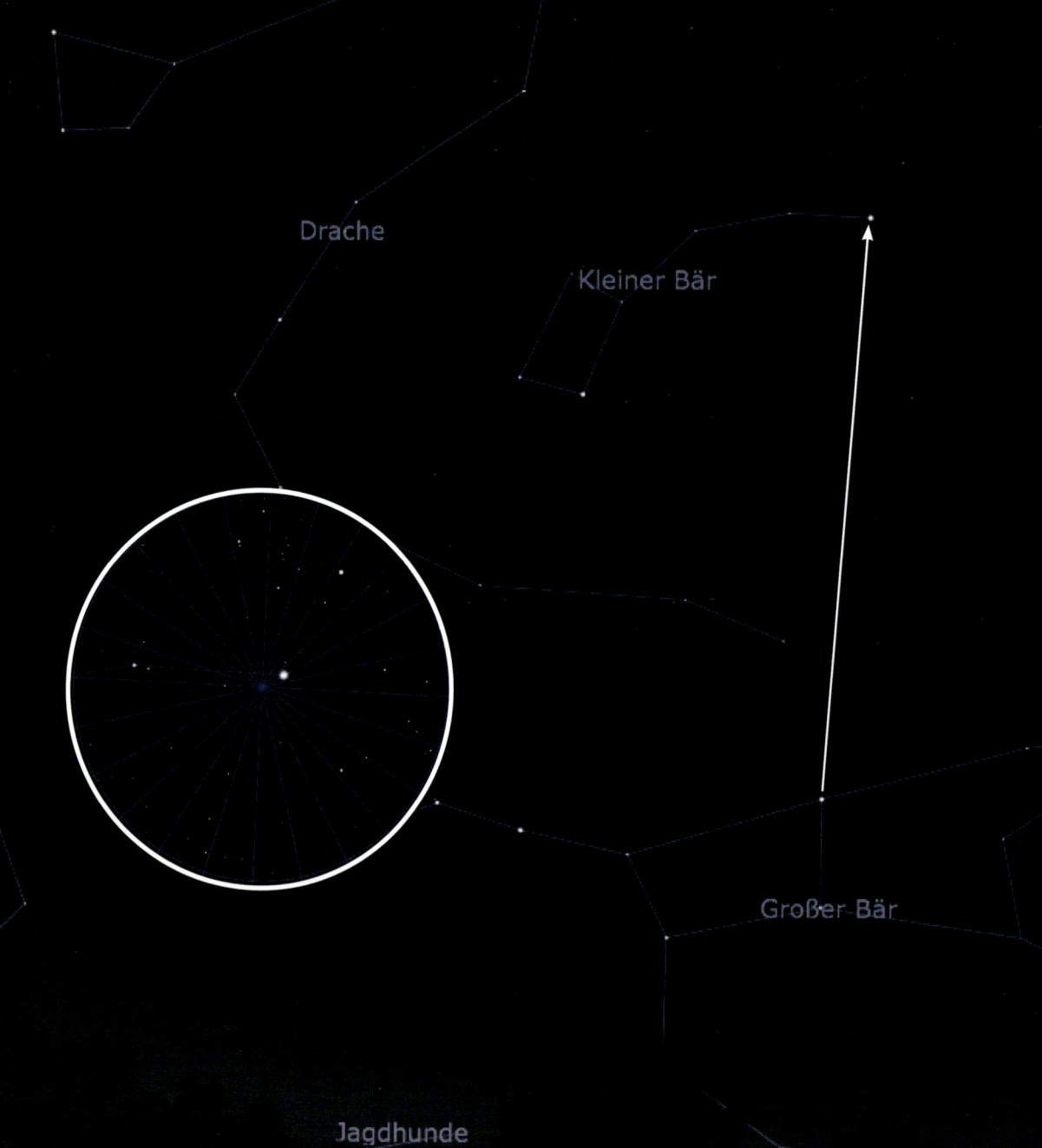

*Der Große Wagen weist den Weg zum Polarstern.
Kleines Bild: Der Polarstern steht neben dem Himmelspol.*

Der Polsucher muss eingestellt werden: Erst der kleine Strich auf den Längengrad des Beobachtungsplatzes, dann die mittlere Datumsskala auf die äußere Uhrzeit – nach MEZ.

Damit das funktioniert, muss der Polsucher auch korrekt in der Achse montiert sein und darf nicht schräg in ihr sitzen. Richten Sie ihn einmal bei Tag auf ein weit entferntes Ziel und drehen Sie die Rektaszensionsachse. Die Mittenmarkierung darf sich nicht vom Ziel entfernen – andernfalls müssen Sie ihn wie in der Bedienungsanleitung beschrieben justieren. Bei der Gelegenheit sehen Sie auch gleich, ob das Bild seitenverkehrt ist und/oder auf dem Kopf steht.

Mit den Stellschrauben für Höhe und Azimut wird die Montierung nun so ausgerichtet, dass der Polarstern in seiner Markierung steht. Dabei kommt es auch noch auf das Jahr an: Die Erdachse vollführt eine Taumelbewegung, durch die sich der Abstand zwischen Himmelspol und Polarstern von Jahr zu Jahr leicht verändert.

Auch hier bietet der App-Store mittlerweile kleine Helferlein. Apps wie *PolarAlign* stellen den Anblick in verschiedenen Polsuchern dar und bieten zum Teil sogar Zugriff auf die Kamera. Dann können Sie den Polarstern am Kamerabild ausrichten, wenn Sie die Kamera hinter das Okular des Polsuchers halten. So ist präzises Einnorden möglich.

In der Praxis warten dennoch einige Fallstricke auf Sie und Sie benötigen etwas Übung. Das größte Problem besteht darin, den Polarstern überhaupt im Polsucher zu identifizieren. Das Bildfeld ist vergleichsweise klein und voller hellerer Sterne. Um ihn leichter zu finden, habe ich einen Blitzschuadapter am Gehäuse meines Star Adventurer befestigt, auf den ich einen Leuchtpunktsucher montiert habe, um den Polarstern leichter anpeilen zu können. Das setzt natürlich voraus, dass man gewillt ist, für die Montage ein Loch in das Gehäuse zu bohren und so auf die Garantie zu verzichten.

Ein anderes Problem lässt sich weniger radikal lösen: Der Einblick in den Polsucher erfolgt von unten, was bei einem niedrigen Stativ schnell sehr unbequem wird. Ein Winkelsucher oder eine Winkellupe (Bild siehe Seite 62) wird auf den Polsucher gesteckt und lenkt das Bild wie ein Zenitspiegel um 90° ab, sodass Sie bequem von oben hineinsehen können.

Wie Sie noch genauer einnorden, erläutere ich Ihnen weiter unten ab Seite 100.

Blick in einen Polsucher von Sky-Watcher. Das Bild ist um 180° gedreht, der Polarstern muss auf die 3 gestellt werden (die hier auch in der Drei-Uhr-Position steht). Die kleine Skala rechts beschreibt die exakte Position für die nächsten Jahre. Auf der Südhalbkugel muss das Sternchen τ Octantis verwendet werden.

Ziele finden

Wenn die Kamera aufgebaut ist, stellt sich die Frage: Was soll fotografiert werden? Für Weitwinkel- und Normalobjektive sind Sternbilder die perfekten Ziele, ebenso wie hellere Kometen.

Das kostenlose Planetariumsprogramm *Stellarium* (*stellarium.org*) verfügt über ein Okular-Plugin, das auch das Bildfeld einer Kamera am Teleskop oder mit einem normalen Objektiv simulieren kann. So sehen Sie schon im Voraus, welche Objekte zu Ihrer Ausrüstung passen. Sie müssen nur die Brennweite von Kamera oder Teleskop eintragen.

Neben den 88 Sternbildern sind mit kurzen Brennweiten auch die ersten Himmelsobjekte machbar. Ausgedehnte offene Sternhaufen wie Plejaden, Hyaden oder der Coma-Sternhaufen wirken bereits auf Weitwinkelaufnahmen interessant, ebenso wie die Dunkelwolken in der Milchstraße zwischen den Sternbildern Schwan und Schütze. Auch die Andromeda-Galaxie M 31 oder der Orionnebel M 42 zeigen sich bereits.

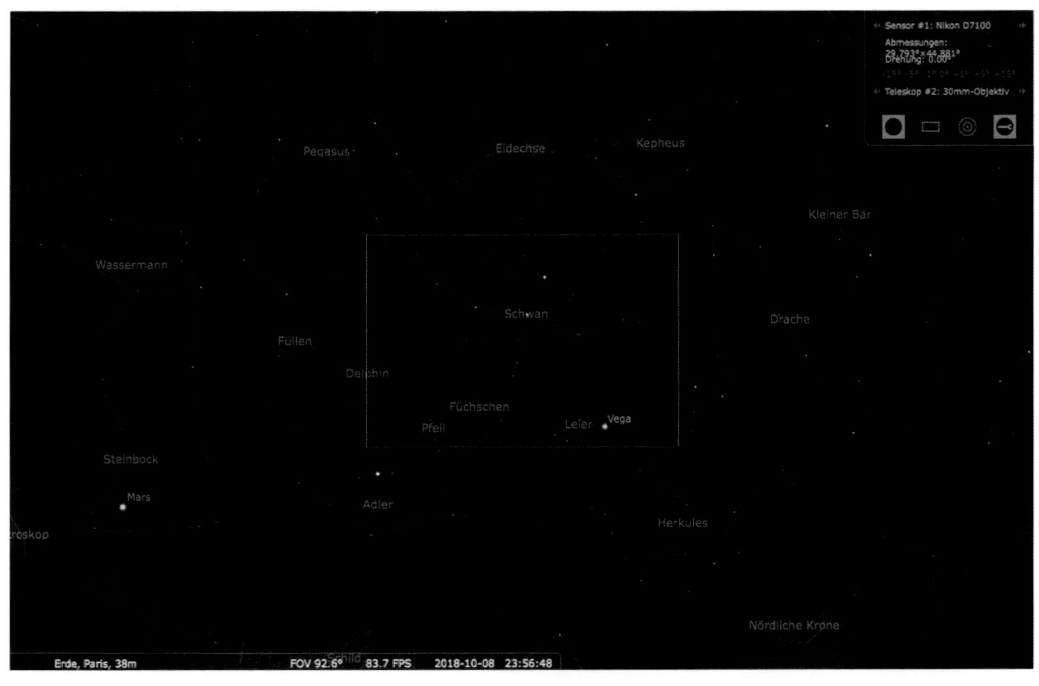

Das Okular-Plugin von Stellarium simuliert auch das Bildfeld einer Kamera.

Um sie zu finden, können Sie die Kamera grob auf die gewünschte Himmelsrichtung ausrichten und sich mit Testbildern bei hoher ISO an den gewünschten Bereich herantasten. Der Blick durch den Kamerasucher ist üblicherweise sinnlos, da die Sterne zu schwach sind, um im Sucher sichtbar zu sein – selbst wenn die Kamera so flach steht, dass Sie überhaupt durch den Sucher schauen können.

Mit einem Blitzschuh-Adapter können Sie einen Leuchtpunktsucher auf Ihrer Kamera montieren. Leuchtpunktsucher stammen ursprünglich aus dem Jagd- und Militärbereich und projizieren einen roten Punkt auf eine Glasplatte. Die günstigeren Leuchtpunktsucher für Waffen lassen sich leider nur eingeschränkt astronomisch verwenden, da ihr Leuchtpunkt viel zu hell ist.

Dieser Leuchtpunkt schwebt dann unabhängig vom Einblickwinkel über dem Ziel und Sie können es bequem aus einiger Entfernung anpeilen, ohne das Auge an das Okular pressen zu müssen. Für die Astronomie wurden diese Sucher modifiziert, sodass sie die Sterne nicht mehr überstrahlen und ein helleres Bild liefern. Über einen einfachen Adapter lassen sie sich am Blitzschuh der Kamera befestigen. Auch längere Brennweiten können so sehr exakt positioniert werden.

Größere Astro-Montierungen verfügen über eingebaute Goto-Computersteuerungen, die die von Ihnen ausgewählten Objekte automatisch anfahren. Mit einer Reisemontierung müssen Sie sich dagegen noch selbst am Himmel auskennen. Aber keine Sorge: Das ist kein Hexenwerk. Beginnen Sie mit einer drehbaren Sternkarte oder einer Planetariums-App für das Handy und einem Einsteigerbuch, dann lernen Sie schnell die wichtigsten Sternbilder kennen. Auch die Webseite *fernglasastronomie.de* enthält viele Objekte: Was im Fernglas sichtbar ist, lohnt sich auch für die Kamera. Von markanten Sternen aus finden Sie dann auch zu den unauffälligeren Zielen. Ein Beispiel für dieses so genannte »Star Hopping« haben Sie bereits kennengelernt: Die hinteren Kastensterne des Großen Wagens zeigen auf den Polarstern.

Eine Kamera mit aufgesatteltem Leuchtpunktsucher

Sternfarben und -helligkeiten durch Filter

Sobald Sie etwas länger belichten, werden Sie ein ganz neues Problem bemerken: Auf den Bildern sind zu viele Sterne! Genauer gesagt: Die hellen Sterne sind recht bald gesättigt und erscheinen als weiße Pixel. Kurz darauf sind auch die etwas schwächeren Sterne gesättigt und erscheinen auf dem Bild genauso hell. Sie können die hellen Sterne dann nur noch schwer von den dunkleren unterscheiden und die Sternbilder sind nicht mehr zu erkennen.

Wenn die Sterne auf der Aufnahme gesättigt sind, verschwinden auch ihre Farben: Alle Sterne erscheinen weiß. Die subtilen Farben der Sterne geben Aufschluss über ihre Oberflächentemperatur: Kühle Sterne mit 4000 bis 5000 Grad leuchten rötlich oder gelblich, heiße Sterne eher bläulich. Sobald die Aufnahme gesättigt ist, stellt die Kamera sie als weiß dar.

Die Lösung für dieses Problem liegt ausgerechnet in einer Technik, die man normalerweise vermeiden will: In (kontrollierter) Unschärfe. Wenn das Bild eines Sterns aufgebläht wird, werden die Pixel nicht so schnell gesättigt. Mit einem leichten Weichzeichner lässt sich dieser Effekt am besten erzielen. Leider wird der am häufigsten empfohlene Filter, der P820 von Cokin, nicht mehr produziert. Der Cokin P830 hat eine stärkere Wirkung, sodass die Sterne häufig zu stark aufgebläht werden. Der Effekt variiert mit Brennweite und Belichtungszeit, sodass mit dem P830 ebenfalls noch gute Ergebnisse erzielt werden können. Für Weitwinkel ist der etwas stärkere P830 gut geeignet, bei längeren Brennweiten der schwächere P820. Falls Sie noch irgendwo ein Exemplar des P820 finden: Greifen Sie zu!

Um vor allem bei Weitwinkelaufnahmen Vignettierung am Bildrand zu vermeiden, sollten Sie eine schmale »Slim« Filterhalterung kaufen. Ansonsten kann es leicht vorkommen, dass der Rand der Filterhalterung in das Bild hineinragt. Achten Sie auch immer darauf, die Filterhalterung parallel zum Kamerasensor auszurichten, sodass die Halterung nicht ins Bild ragt. Wenn sie sich verdreht, wird das Bildfeld künstlich beschnitten.

Die Cokin-Filter werden – wie einige andere Filtersysteme aus der professionellen Fotografie – in einen speziellen Halter gesteckt, der vor dem Objektiv befestigt wird.

Leider gibt es noch keine wirklich überzeugende Alternative zu den Cokin-Filtern, und das Objektiv einfach nur unscharf zu stellen, ist für schöne Sternfeldaufnahmen auch keine Lösung: Dann verschwinden die schwachen Sterne einfach nur. Allerdings werden so die Sternfarben ebenfalls deutlicher. Mit bewusst unscharfen Aufnahmen können Sie also deutlich machen, wie sehr sich die Farben der Sterne doch unterscheiden.

Sie haben zwei Möglichkeiten, um mit unscharfen Sternen zu experimentieren. Entweder benutzen Sie eine Kamera ohne Nachführung und verstellen während einer Aufnahme den Fokus. So werden die Sterne einer Strichspuraufnahme Schritt für Schritt aufgebläht. Oder Sie führen die Kamera nach, sodass die Sterne von einem größeren, farbigen Hof umgeben erscheinen. Solche Bilder kombinieren Sie am besten nachträglich in Photoshop miteinander. Achten Sie darauf, dass Sie die Blende vollständig öffnen, wenn Sie bei einer nachgeführten Kamera runde Sternscheiben wollen – ansonsten bildet sich die Form der Irisblende ab.

Am schönsten wirkt das natürlich, wenn verschiedenfarbige Sterne im Bild sind. Besonders gut ist der Orion geeignet, aber auch der Pegasus bietet einige bunte Sterne.

Dreimal der Große Wagen mit 30 mm, 10 s @ f1,4, ISO 2500. Ohne Weichzeichner ist das Sternbild schlecht zu erkennen, mit Weichzeichner deutlicher.

Ohne Filter

Cokin P820

Cokin P830

Sternfarben und -helligkeiten durch Filter

Eine unscharfe Aufnahme des Orion zeigt die Farben der Sterne deutlich.

Filter gegen Lichtverschmutzung und für Effekte

Beim Blick durch das Okular werden häufig Filter eingesetzt, um schwache Nebel besser sehen zu können. Der Trick dabei ist, dass Nebel in ganz speziellen Farben oder Wellenlängen leuchten. Sie haben also kein kontinuierliches Spektrum wie Sterne, sondern ein Linienspektrum. Sternentstehungsgebiete wie der Orionnebel und der Nordamerikanebel bestehen aus Wasserstoff. Wenn dieser durch die Strahlung benachbarter Sterne ionisiert wird, fluoresziert er vor allem im tiefroten H-alpha-Licht bei 656,28 Nanometer. In den Überresten explodierter Sterne – also in planetarischen Nebeln und Supernova-Überresten – gibt es auch andere Elemente, die im Lauf des Lebens eines Sterns bzw. bei seinem Tod entstanden sind. Für uns interessant ist vor allem Sauerstoff, der im sichtbaren Licht bei 496 nm und 501 nm blaugrün leuchtet, wenn er zweifach ionisiert wird. Das sind die beiden O-III-Linien. Dazu kommt das rote Licht von einfach ionisiertem Schwefel bei 672 nm, die S-II-Linie.

Das kontinuierliche Spektrum eines Sterns (oben) und das Linienspektrum eines planetarischen Nebels mit seinem lichtschwachen Zentralstern (darunter). Es ist deutlich zu sehen, dass die Sterne in allen Farben leuchten, während der Nebel nur in einer Farbe strahlt.

Ein Filter, der nur das Licht dieser speziellen Farben durchlässt, blendet alles andere Störlicht aus, idealerweise ohne die Helligkeit des Nebels zu beeinträchtigen. So ist dieser deutlich vor dem dunklen Hintergrund zu erkennen. Das Problem bei diesen Filtern ist, dass sie auch das Licht der Sterne unterdrücken. Sterne leuchten in allen Farben, daher gibt es keine Filter, die speziell für Sterne geeignet sind. Auch für Galaxien, Sternhaufen oder Doppelsterne kann es somit keine speziellen Filter geben, die den Kontrast erhöhen. Die meisten Nebel sind relativ kompakt und Ziele für lange Brennweiten, außerdem funktionieren die engbandigen Filter nur bei längeren Brennweiten. Die engbandigen UHC- und O-III-Filter werden daher nur am Teleskop verwendet. Sie sind Interferenzfilter, deren Wirkung von dem Winkel abhängt, in dem das Licht auf den Filter trifft. Erst ab rund 70 mm Brennweite ist das Lichtbündel parallel genug, damit der Filter funktioniert.

Breitbandigere Lichtverschmutzungsfilter lassen sich auch vor einem Objektiv verwenden. Da sie ein breiteres Spektrum durchlassen, kommen sie auch mit dem seitlichen Lichteinfall eines Kameraobjektivs zurecht. Sie versuchen nicht, nur das Licht von Nebeln durchzulassen, sondern wollen die meisten künstlichen Lichtquellen ausblenden. So bleibt eine einigermaßen natürliche Farbwiedergabe möglich und die Sterne bleiben sichtbar. Diese Filter mit Namen wie CLS, LPS oder & Skyglow Neodymium funktionieren am besten, wenn zur Straßenbeleuchtung noch Leuchtstoffröhren wie die gelblichen Natriumdampflampen verwendet werden. Leider werden zunehmend LEDs für Straßen- und Gebäudebeleuchtung verbaut, die aus einer Vielzahl von Farben weißes Licht mischen und so die Wirkung der Lichtverschmutzungsfilter untergraben. Aber noch können diese Filter wirken – abhängig von der Beleuchtung in Ihrer Umgebung. Wunder vollbringt aber kein Filter: Es ist immer noch besser, sich gleich einen dunklen Beobachtungsplatz zu suchen.

Zwei Aufnahmen mit identischen Kameraeinstellungen bei 28 mm Brennweite und identischer Bearbeitung. Das linke Bild wurde ohne Filter aufgenommen, der durch die nächste Stadt aufgehellte Horizont ist deutlich zu erkennen. Das rechte Bild wurde mit dem °nachtlichtfilter aufgenommen: Der Horizont ist immer noch aufgehellt, aber schon deutlich kontrastreicher als in der Aufnahme ohne Filter. Auch die Straßenlaterne ist dunkler.

Filter vor dem Objektiv

Die meisten Filter werden vor dem Kameraobjektiv montiert. Dazu gibt es mehrere Möglichkeiten. Optimal ist es, wenn Sie einen Filter mit einer Schraubfassung besitzen, die zu Ihrem größten Objektiv-Filtergewinde passt. Dann können Sie ihn einfach vor das Objektiv schrauben und mit Step-Down-Ringen an Ihre anderen Objektive adaptieren. Neben den schon erwähnten Weichzeichnern von Cokin mit den entsprechenden Filterhaltern gibt es hier eigentlich nur die Nachtlichtfilter von Matt Aust, die unter *star-trails.de/nachtlicht* angeboten werden, sowie die Astroklar-Filter von Rollei. Bei diesen Filtern muss der Weißabgleich für einen natürlichen Bildeindruck noch nachträglich angepasst werden, da sich die Farbbalance verschiebt. Es gibt ähnliche Filter von einer Reihe von Anbietern wie Haida, LonelySpeck oder Nisi, sie sind jedoch nicht sehr verbreitet.

Der Astroklar-Filter wirkt vor allem gegen das gelbe Licht von Natriumdampflampen, während der °nachtlichtfilter etwa einem Skyglow Neodymium-Filter entspricht, wie er z. B. von Baader Planetarium für Teleskope angeboten wird. Die Filter für Teleskope haben einen deutlich höheren Preis, obwohl sie maximal in einer Größe von 2" angeboten werden – das ist die übliche Filterfassung großer Okulare. Diese Fassungen haben ein M48-Gewinde, das auch die nutzbare Öffnung beschränkt. Sie sind für hohe Vergrößerungen ausgelegt, dementsprechend hoch sind die Ansprüche an die optische Qualität der Oberflächen – was den Preisunterschied zu einfachen Objektivfiltern erklärt.

Mit dem 2"-Filterhalter M48 auf SP54 #2408166 von Baader Planetarium lassen sich diese astronomischen 2"-Filter vor praktisch jedem Objektiv mit Filtergewinde befestigen. Sie benötigen lediglich die passenden Stepper-Ringe vom 54-mm-Gewinde auf das Ihres Kameraobjektivs. Das funktioniert allerdings vor allem bei kleineren Objektiven – große Objektive würden dadurch künstlich auf rund 48 mm Öffnung begrenzt, was zu deutlicher Vignettierung führt. An einer DSLR mit einem großen, lichtstarken Objektiv funktionieren sie schlechter, an kompakten Micro-Fourthirds-Kameras gibt es üblicherweise keine Probleme. So können Sie mit einer Vielzahl von astronomischen Filtern experimentieren, solange der Bildwinkel die Funktion des Filters nicht beeinflusst. Ab etwa 70 mm Brennweite funktionieren auch die meisten Schmalbandfilter.

Eine elegantere Möglichkeit zur Filtermontage sind Clipfilter. Hier wird der Filter in das Kameragehäuse geklipst, kommt also hinter das Objektiv. So kann auch ein hochwertiger Filter verwendet werden und bleibt bezahlbar, da er deutlich kleiner ist als ein Frontfilter. Vor allem der IDAS LPS-Filter von Hutech als genereller Lichtverschmutzungsfilter ist sehr beliebt, Astronomik bietet auch speziellere Filter in diesen Fassungen an. Allerdings sind diese Filter vor allem für Canon-DSLR-Kameras verfügbar, Astronomik bietet auch Filter für Sony an und plant Filter für Nikon. Diese Art der Montage ist fast ideal, nur in seltenen Fällen kann es zu Reflexionen zwischen Objektiv und Filter kommen. Lediglich die Canon EF-S-Objektive lassen sich nicht mit diesen Filtern kombinieren, da hier das Objektiv in das Kameragehäuse hinein ragt. Dafür lassen sich für die Astrofotografie umgebaute Kameras (siehe Seite 114) auch wieder normal benutzen, wenn ein Clipfilter mit derselben Farbwiedergabe wie der ursprünglich verbaute Filter eingesetzt wird.

Ein Clipfilter im Bajonett einer DSLR

Sternchenfilter

Zuletzt sei noch ein »Filter« erwähnt, der eigentlich keiner ist: Die Spikemaske *easy-spike* von Nocutec. Ein Kameraobjektiv ohne optische Fehler zeigt immer runde Sterne. Nur wenn die Blende stark geschlossen wird, erscheinen um sehr helle Sterne Strahlen. Der Preis dafür ist aber eine deutlich längere Belichtungszeit.

Der »Sterncheneffekt«, den viele Astrofotografen anstreben – vier helle Strahlen, die von den Sternen ausgehen – entsteht dann, wenn durch ein Newton-Teleskop fotografiert wird. Bei diesen Geräten wird ein Umlenkspiegel mit vier Streben im Strahlengang gehalten, durch Beugung an diesen Streben entstehen die sogenannten Spikes.

Um diesen Effekt mit einem Teleobjektiv zu erzielen, müssen Sie also etwas in den Strahlengang einbauen. Für Experimente genügt schon ein etwas dickerer Faden, den Sie kreuzförmig vor die Linse spannen. Die Spike-Maske von Nocutec ist ein Kunststoffring mit Kreuz, der in das Objektivgewinde oder einen Step-Up-Ring geklemmt wird und dann ebenfalls Spikes verursacht. Je länger Sie belichten, desto deutlicher werden die Spikes.

Easy-Spike von Nocutec besteht aus nichts weiter als zwei gekreuzten Streben vor dem Objektiv. Das Ergebnis ist der Sternchen-Effekt rund um helle Sterne.

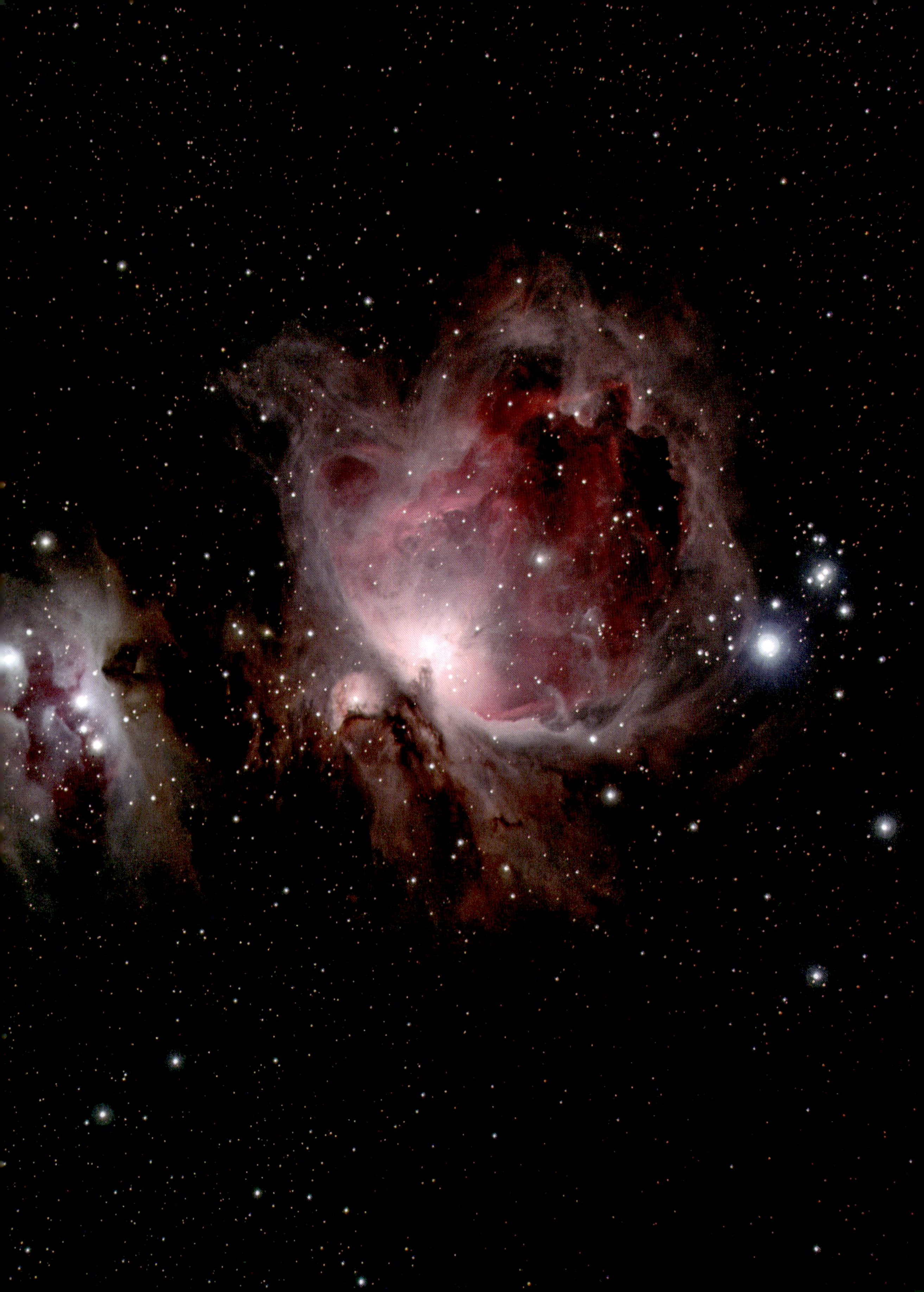

Kapitel 3

Die Kamera am Teleskop

Mit der Kamera durch das Teleskop zu fotografieren ist die anspruchsvollste Art der Astrofotografie. Durch die lange Brennweite und die hohe Empfindlichkeit moderner Kameras wird jeder Fehler offenbart. Aber nur so lassen sich die faszinierenden, lichtschwachen Deep-Sky-Objekte groß genug im Bild festhalten.

Orion-Nebel (M 42). Bild: Martin Rietze

Afokale Fotografie

Im Prinzip ist die afokale Fotografie die einfachste Möglichkeit, um durch ein Teleskop zu fotografieren. Dazu muss das Kameraobjektiv lediglich möglichst exakt mittig und ohne zu verkippen hinter das Okular gehalten werden. Der ideale Abstand zwischen Okular und Objektiv entspricht etwa dem Augenabstand, den man selbst auch beim Beobachten einhält. Das funktioniert mit Teleskopen genauso wie mit Ferngläsern oder Spektiven, Sie müssen lediglich für Ihr Auge scharf stellen – die restliche Fokussierung übernimmt der Autofokus der Kamera.

Das ist natürlich leichter gesagt als getan. Sie können die Kamera etwas besser positionieren, wenn Sie sie hinten am Gehäuse und vorne am Objektiv festhalten. Kameras mit leichtem Tele sind besser geeignet als Weitwinkel und das Objektiv sollte kleiner sein als die augenseitige Linse des Okulars – ansonsten sieht die Kamera am Okular vorbei. Halten Sie die Kamera so, dass das Bild mittig auf dem Kameradisplay erscheint. Es ist von einem schwarzen Rand umgeben, der an allen Seiten scharf sein sollte. Falls Sie die Kamera schräg halten, ist er an einer Seite unscharf. Sobald alles passt, zoomen Sie noch ein wenig ein, bis das Bild im Okular bildfüllend erscheint (aber ohne dass das Objektiv gegen das Okular fährt), und drücken Sie ab, ohne zu verwackeln.

Ganz einfach, oder? In der Praxis werden Sie sich schon bald nach einer Kamerahalterung sehnen. Als »Digi-Klemmen« oder »Digiskopie-Adapter« gibt es verschiedene solcher Adapter, die an das Okular geklemmt werden und die Kamera in drei Achsen positionieren können. Bei besseren Modellen wie der *MicroStage II* von Baader Planetarium können Sie die Kamera auch zur Seite klappen, um durch das Okular zu schauen. Benutzen Sie einen Fernauslöser oder den Selbstauslöser der Kamera, um Erschütterungen zu vermeiden. Wie

Mit der Kamera durch ein Okular zu fotografieren, klingt einfacher, als es ist. Halten Sie die Kamera für mehr Stabilität vorne am Objektiv und hinten am Gehäuse fest.

Eine Kamerahalterung wie die MicroStage II von Baader Planetarium erlaubt es, die Kamera hinter dem Okular zu positionieren. Passen Sie auf, dass sie nicht wie hier unter dem Gewicht der Kamera verkippt!

immer, wenn die Kamera auf einem Stativ befestigt ist, sollten Sie den Bildstabilisator ausschalten.

Diese Art der Fotografie ist vor allem bei Vogelbeobachtern beliebt, da so mit günstigem Equipment hohe Vergrößerungen erzielt werden können. Für die Astronomie ist diese Methode wegen der hohen Vergrößerungen nur eingeschränkt möglich, aber für erste Schnappschüsse von Mond und Planeten ist sie durchaus geeignet. Das Problem ist, dass die Bildhelligkeit mit der Vergrößerung abnimmt und Sie länger belichten müssen.

Die Äquivalenz- oder Effektivbrennweite errechnet sich aus der Vergrößerung des Spektivs und der Brennweite des Objektivs. Es gilt:

$$f_{\text{Äquivalenz}} = V_{\text{Spektiv}} \times f_{\text{Kameraobjektiv}}$$

Ein Spektiv mit 20-facher Vergrößerung liefert mit einem 35-mm-Objektiv also bereits eine Äquivalenzbrennweite von 20 × 35 mm = 700 mm oder denselben Bildausschnitt wie ein 700-mm-Objektiv an einer Vollformatkamera. Kombiniert mit der schwierigen Belichtungssituation ist diese Technik für die Astrofotografie nur eingeschränkt zu empfehlen. Schöne Mondfotos gehen aber allemal.

Was am Mond noch gut funktioniert, ist bei den Planeten schon kniffliger: Auf dieser Aufnahme einer engen Konjunktion von Jupiter und Venus sind immerhin die Jupitermonde zu erkennen. Ohne Kamera war der Anblick im Okular überzeugender.

Afokale Fotografie

Digiskopie mit dem Smartphone

Da das Smartphone heute zum ständigen Begleiter geworden ist, liegt es nahe, auch mit seiner Kamera durch das Okular zu fotografieren. Dabei handelt es sich ebenfalls um afokale Fotografie, die hier »Digiskopie« genannt wird. Durch die kleine Kameralinse und das große Display ist es jedoch einfacher, ein gutes Foto zu machen. Auch hier sind Mond und – mit entsprechenden Filtern – die Sonne dankbare Ziele. Die Planeten und die helleren Deep-Sky-Objekte sind anspruchsvoller, zumindest »Beweisfotos« sind aber ebenfalls machbar.

Sie können das Smartphone recht gut hinter dem Okular ausrichten, indem Sie es auf die ausgedrehte Augenmuschel auflegen. Komfortabler wird es mit einem Smartphonehalter. Im Prinzip können Sie sich so einen Adapter leicht selbst basteln, indem Sie eine Handyhülle mit einer Steckhülse versehen, die auf Ihr Okular passt. Es gibt aber auch viele kommerzielle Adapter. Einige passen exakt zu bestimmten Okularen und Smartphones, durch die raschen Modellwechsel sind sie aber selten.

Weiter verbreitet sind universelle Halterungen, in denen das Smartphone auf die verschiedensten Arten befestigt wird (von Klemmen über Saugnäpfe bis hin zu Haargummis gibt es alles). Achten Sie darauf, dass keine Klemme den Ausschalter Ihres Handys betätigt!

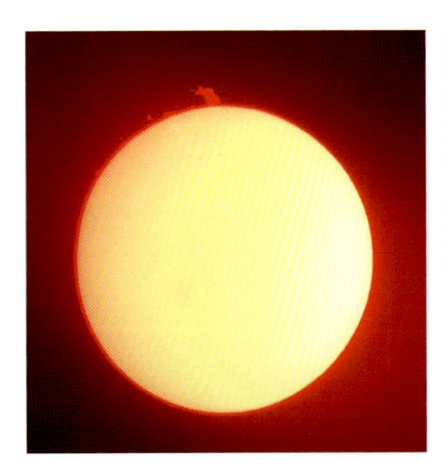

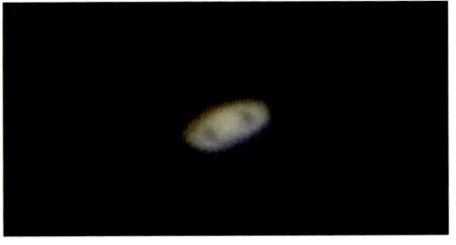

Durch ein spezielles H-Alpha-Teleskop sind selbst mit dem Smartphone gute Bilder der Sonne durch das Okular möglich (links). Planeten wie Saturn (oben) bleiben kleine, anspruchsvolle Ziele.

Der Celestron NexYZ passt an fast jedes Smartphone und lässt sich in drei Achsen verstellen. Bild: Celestron

Bei den meisten Halterungen lässt sich die Position der Kamera nur nach rechts/links sowie oben/unten verstellen, jedoch nicht die Distanz zum Okular. Durch den richtigen Abstand lässt sich jedoch die Ausleuchtung der Kamera optimieren. Die Verstellmöglichkeit in drei Achsen lohnt sich also! So können Sie mit den meisten Smartphones durch fast jedes Okular fotografieren. Nur High-End-Modelle mit mehreren Kameras machen Probleme: Hier wechselt das Handy zwischen verschiedenen Kameras, während immer dasselbe Objektiv über dem Okular platziert bleibt.

Bessere Kamera-Apps wie *ProCamera* bieten Ihnen zusätzlich die Möglichkeit, Blende und Belichtungszeit feiner einzustellen, statt komprimierter JPEGs unkomprimierte TIFF- oder gar RAW-Dateien zu speichern und sogar eine Art Bildstabilisator: Nach dem Drücken des Auslösers wartet die App mit der Aufnahme, bis die Bewegungssensoren des Handys anzeigen, dass es nicht mehr wackelt. Alternativ kann die Kamera auch oft über die Lautstärketasten des Kopfhörerkabels ausgelöst werden.

Der Reiz dieser Technik liegt darin, dass rasch und ohne großen Aufwand durch ein Teleskop oder Spektiv fotografiert werden kann. Die Bilder auf dieser Seite sind allesamt Schnappschüsse, die nur deshalb mit dem Handy aufgenommen wurden, weil keine große Kamera in Reichweite war. Auch mit »Quick and Dirty« sind brauchbare Fotos möglich und die Kameras werden immer besser.

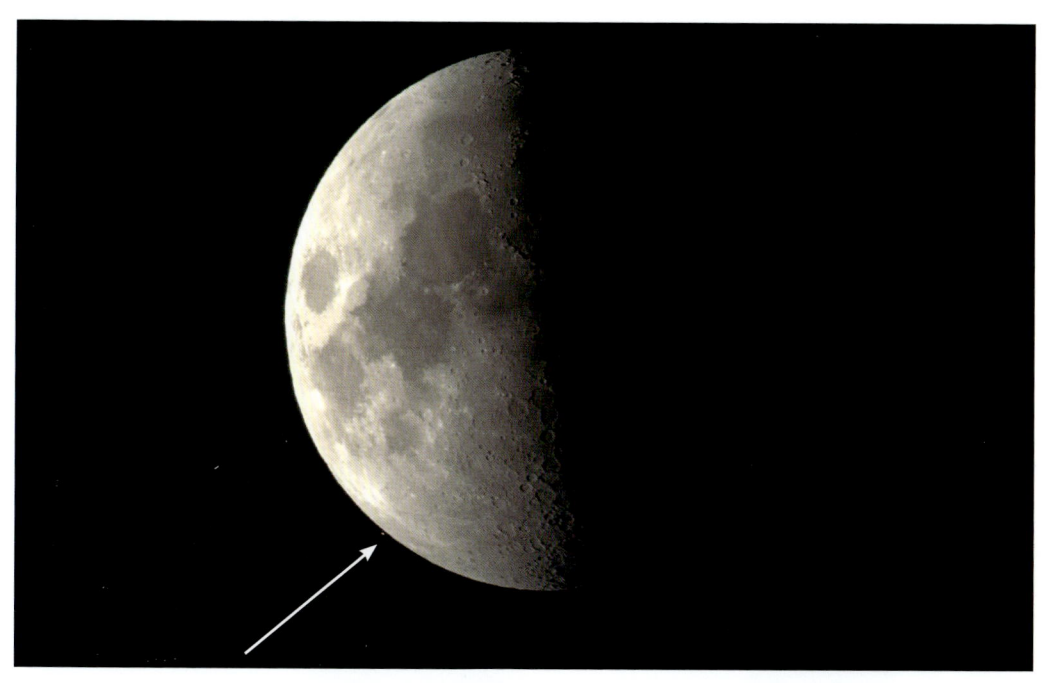

Am 23. Februar 2018 bedeckte der Mond den Stern Aldebaran – Anlass für einen Schnappschuss unseres Erdtrabanten durch das Okular.

Afokale Fotografie

Okularprojektion für Mond und Sonne

Bleiben wir noch einmal bei der Kamera am Okular, jetzt aber mit Kameras mit Wechselobjektiv statt Kompaktkameras. In diesem Fall verzichtet man auf das Objektiv und befestigt das Kameragehäuse direkt am Okular. Für alte Okulardesigns mit schmalem Gehäuse gibt es Okularprojektionsadapter, in die das Okular gesteckt wird; einige moderne Weitwinkelokulare haben direkt ein Anschlussgewinde nach der Augenlinse – meist mit T-2- oder M 43-Gewinde. Über einen T-2-Adapter vom Kamerabajonett auf das T-Gewinde (M 42 × 0,75) kann die Kamera so mit dem Okular verschraubt werden – eine stabile, streulichtdichte und verkippungssichere Verbindung.

Da Okulare für die kleine, gebogene Netzhaut unseres Auges gerechnet sind und nicht für die großen, flachen Kamerasensoren, hat diese Technik in der Praxis ein paar Nachteile. Wenn die Kamera direkt an das Okular geschraubt wird, kommt es am Bildrand zu starken Bildfehlern. Entweder verwenden Sie nur den brauchbaren Teil des Bilds oder Sie vergrößern nach, indem Sie den Abstand des Sensors zum Okular erhöhen. Das Auflagemaß des T-2-Systems ist genormt, der Abstand zwischen Kamerasensor und der Außenkante eines Standard-T-Rings beträgt immer 55 mm. An einer APS-C-Kamera benötigen Sie noch eine 30-mm-Verlängerung, damit das gesamte Bild scharf ist, an Vollformat sogar eine 40-mm-Hülse.

Bei Vollformat-Kameras kommt dazu, dass der Sensor größer ist als die 42 mm des T-Gewindes. Für diese Kameras gibt es mittlerweile auch Anschlussringe mit M 48-Gewinde (genauer: M 48 × 0,75), sodass die Ecken des Sensors ebenfalls voll ausgeleuchtet werden können. Erst kurz vor dem Okular benötigen Sie dann noch eine Adaption von M 48 auf T-2.

Wenn die Kamera fest mit dem Okular verschraubt ist, können Sie sie nicht immer leicht ausrichten. Am Teleskop ist das in der Regel kein Problem, da Sie hier einfach das Okular verdrehen können; an Spektiven sitzt es meist sehr fest, da hier der Okularauszug gegen Wasser abgedichtet ist. Mit einem T-2-Schnellwechsler können Sie die Kameraausrichtung auch hier leicht anpassen. Außer-

Anschluss einer DSLR-Kamera an ein Okular mit M 43-Gewinde.
Verwendet werden M 43/T-2-Adapter, T-2-Schnellwechsler, T-2-Verlängerungshülse und T-Ring.

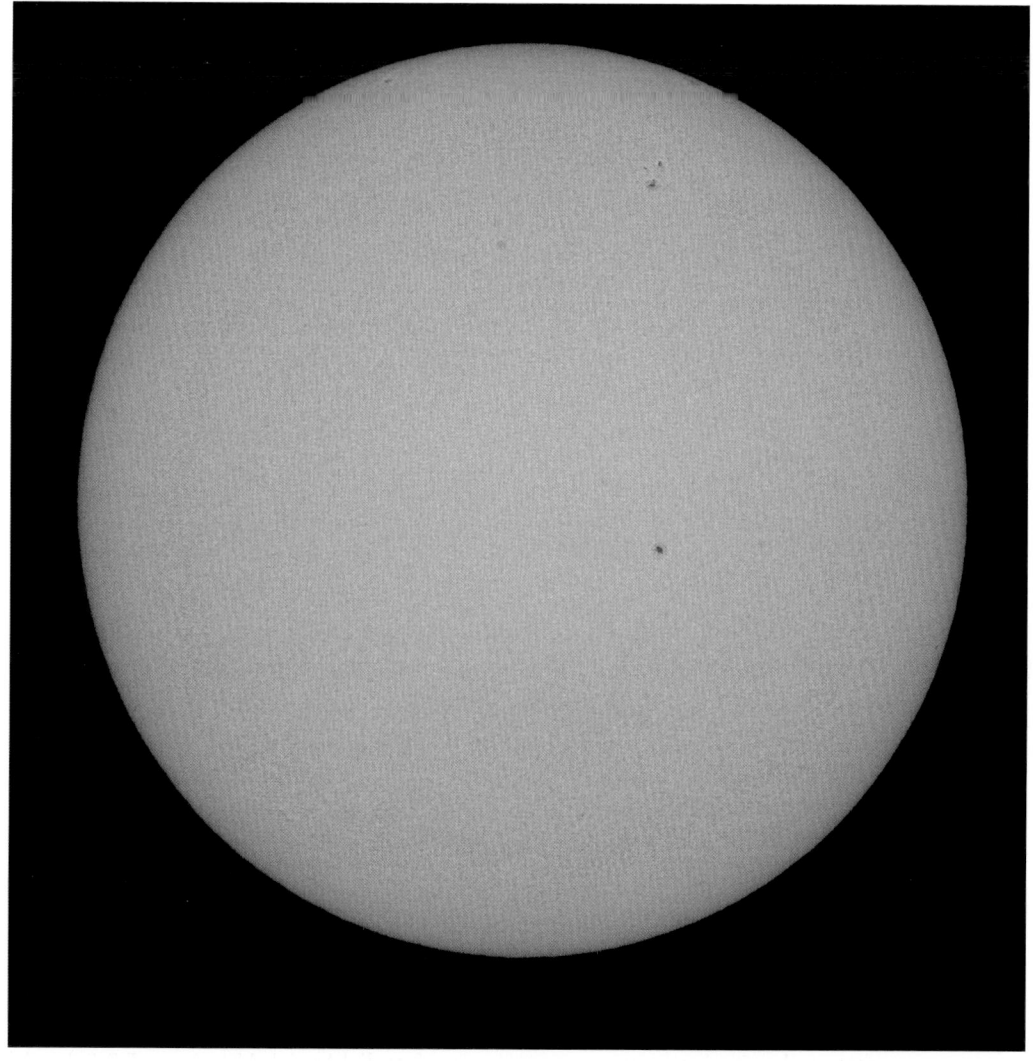

Die Sonne, fotografiert durch ein 36-mm-Hyperion-Okular an einem 80/600-ED-Refraktor. Mit einer 40-mm-T-2-Verlängerung wurde die Sonne fast bildfüllend abgebildet. Nikon D50, ISO 200, 1/2500 s. Die kurze Belichtungszeit fror die Luftunruhe ein und die Granulation der Sonnenoberfläche ist deutlich sichtbar.

dem können Sie die Kamera leichter abnehmen, um einen Blick durch das Okular zu werfen und Ihr Ziel wiederzufinden.

Genau wie bei der afokalen Fotografie/Digiskopie werden sehr rasch sehr hohe Vergrößerungen erreicht, abhängig vom Sensorabstand und der Okularbrennweite. Es gilt die Formel:

$$f_{\text{Äquivalenz}} = f_{\text{Teleskop}} \times ((a/f_{\text{Okular}})-1)$$

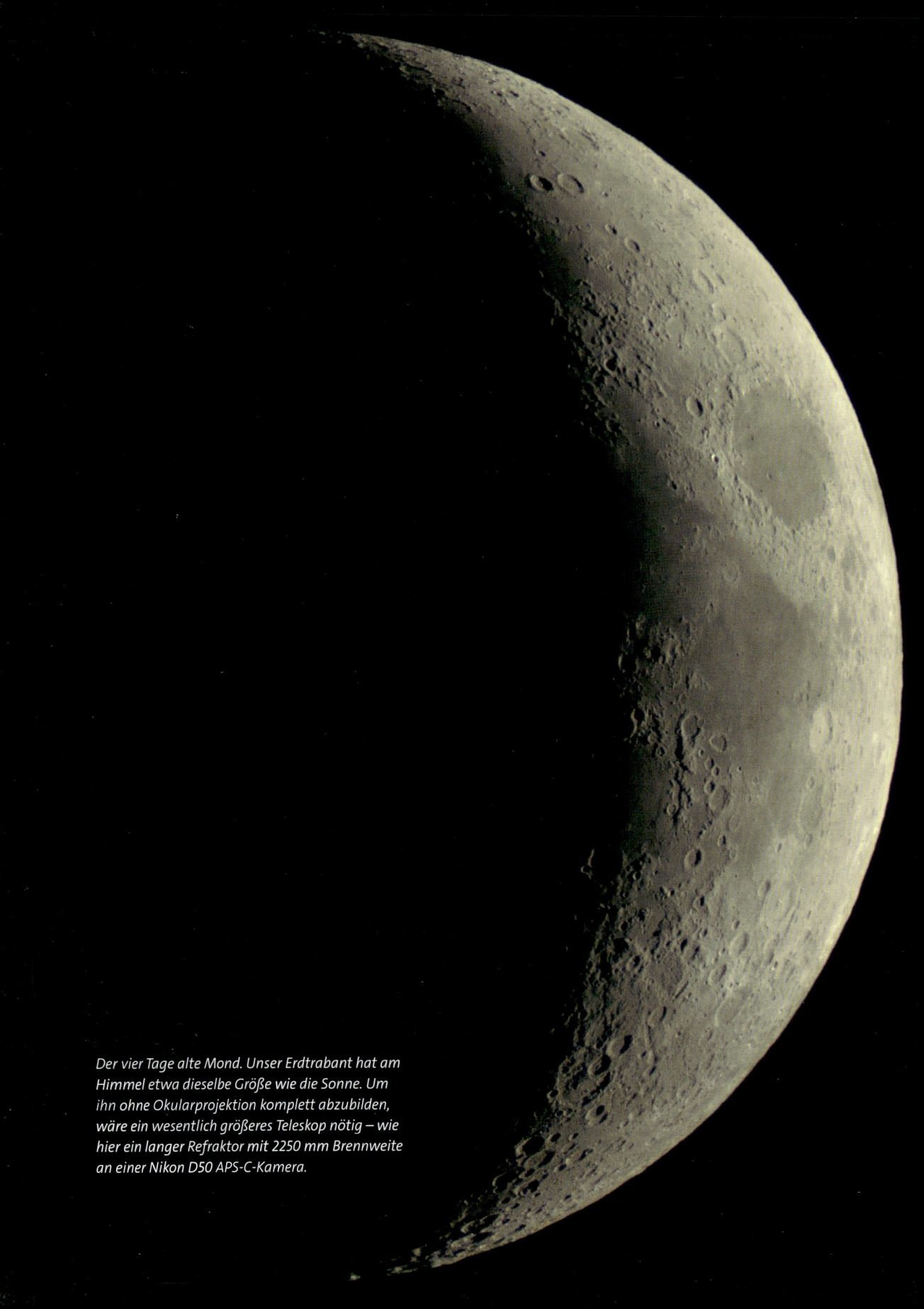

Der vier Tage alte Mond. Unser Erdtrabant hat am Himmel etwa dieselbe Größe wie die Sonne. Um ihn ohne Okularprojektion komplett abzubilden, wäre ein wesentlich größeres Teleskop nötig – wie hier ein langer Refraktor mit 2250 mm Brennweite an einer Nikon D50 APS-C-Kamera.

mit $f_{Teleskop}$ = Brennweite des Teleskops und a = Abstand zwischen Sensor und Okular inkl. 55 mm T-2-Auflagemaß. Bei einer 40-mm-Verlängerungshülse z. B. entspricht der Abstand also 95 mm. f_{Okular} ist die Brennweite des Okulars. Bei einem Okular für 18-fache Vergrößerung, wie es bei Spektiven häufig vorkommt, und einer 40-mm-Verlängerungshülse kommt man so bereits auf eine Äquivalenzbrennweite von 1360 mm an einer Vollformatkamera. Mit den an Teleskopen üblichen Okularen erzielt man rasch Brennweiten von vier Metern oder mehr. Die resultierende Brennweite kann über verschiedene Verlängerungshülsen eingestellt werden.

Früher wurden so die nötigen Brennweiten erzielt, um die winzigen Planeten in annehmbarer Größe auf Diafilm abzubilden. Mit der Entwicklung leistungsstarker Videomodule (siehe Seite 135) ist das heute nicht mehr nötig. Aber für die formatfüllende Fotografie von Sonne und Mond mit kurzbrennweitigen Teleskopen wird diese Technik noch immer gerne angewendet. Bei etwa 2,1 m Brennweite an Vollformat oder 1,3 m an APS-C werden Sonne und Mond formatfüllend abgebildet, längere Brennweiten zeigen größere Regionen mit höherer Auflösung, als dies mit den kleinen Videomodulen möglich ist. Videomodule bieten dafür den Vorteil, dass sie in kurzer Zeit viele Bilder aufnehmen können, aus denen dann die Details herausgearbeitet werden. Bei einer Aufnahme des gesamten Monds mit einer DSLR würde diese Vorgehensweise zu extrem großen Datenmengen führen, die auch mit modernen Computern kaum beherrschbar wären – es macht einen Unterschied, ob man das Video einer 24-MP-DSLR oder eines Moduls mit 640 × 480 Pixel Auflösung nutzt. Das gilt erst recht, wenn ein Videomodul die Möglichkeit bietet, nur einen Bildausschnitt (die »Region of Interest«) aufzuzeichnen.

Mit einer DSLR würde auch das Auflösungsvermögen des Teleskops nicht ausgereizt. Dazu müssen Pixelgröße und Öffnungsverhältnis aufeinander abgestimmt werden. Um den gesamten Mond auf einen DSLR-Sensor zu bekommen, ist der Bildmaßstab noch weit von dem entfernt, was das Objektiv leistet – mehr dazu auf Seite 136.

Ein variabler Projektionsadapter, bei dem der Abstand durch Verschieben eingestellt wird (links), und der OPFA (rechts) von Baader Planetarium, bei dem die Verlängerungshülsen mit dem Okularhalter fest und verkippungssicher verschraubt werden. Das Okular befindet sich im Inneren des Adapters.

Okularprojektion für Mond und Sonne

Fokale Fotografie: Die Kamera am Okularauszug

Die Kamera direkt an das Teleskop montieren, um mit langen Belichtungszeiten durch das große Fernrohrobjektiv zu fotografieren – das ist die gängige Vorstellung der Astrofotografie und zugleich die herausforderndste Variante. Wenn das Teleskop zum Teleobjektiv wird und Brennweiten jenseits von 500 oder 1000 mm zum Einsatz kommen, wird jeder Fehler offenbar – aber nur so entstehen auch die faszinierenden Bilder ferner Nebel und Galaxien.

Im Prinzip ist es einfach: Sie benötigen einen T-Adapter für das Kamerabajonett Ihrer DSLR oder Systemkamera und einen weiteren Adapter für Ihr Teleskop. Manche Teleskope haben bereits ein T-Gewinde am Okularauszug integriert. Dann müssen Sie nur noch fokussieren und auslösen. Nur: Wenn es in der Praxis auch so einfach wäre, wäre dieses Kapitel überflüssig.

Fangen wir bei der Kameraadaption an: Adapter für das T-Gewinde mit M42×0,75 sind genormt und bieten immer ein Auflagemaß von 55 mm – das ist der Abstand vom Kamerabajonett zum Sensor. Dieser Abstand stammt aus der Zeit, als es noch Kameraobjektive mit Schraubgewinde gab: So war sichergestellt, dass diese Objektive an allen Kameras funktionieren. Mittlerweile gibt es allerdings auch Low-Profile-T-Adapter, die ein paar Millimeter einsparen, oder etwas dickere Adapter mit eingebauten Filtern. Diese abweichenden Baulängen werden dann interessant, wenn zusätzliche Elemente wie Bildfeldebner eingebaut werden, die einen bestimmten Abstand zum Sensor erfordern.

Typisch für die T-Adapter ist, dass sie – obwohl sie aus der Zeit des Diafilms stammen – nur an APS-C-Kameras oder bei noch kleineren Sensoren einwandfrei funktionieren. Bei einer Vollformat-Kamera ist ihr Durchmesser kleiner als der Sensor und die Sensorränder werden abgeschattet. Das lässt sich zwar in der Bildbearbeitung ein Stück weit korrigieren, bei einer Vollformatkamera sollten Sie trotzdem zu einem Wide-T-Ring oder einem M48-Adapter greifen, um die volle Öffnung ausnützen zu können.

Mit T-Ring und 2"-Steckhülse kann eine Kamera an das Teleskop angeschlossen werden.

Die Kamera ersetzt das Okular, der Zenitspiegel entfällt.

Dann benötigen Sie noch einen Adapter für Ihr Teleskop. Die meisten modernen Teleskope haben entweder eine Aufnahme für 1,25"- oder für 2"-Okulare. Das 1,25"-Steckmaß (3,175 cm) beschränkt den Lichtweg für eine DSLR zu sehr, hier würde nur ein kleiner Teil des Sensors überhaupt genutzt. Selbst wenn man an diese Teleskope eine Kamera mechanisch anschließen kann: Es lohnt sich nicht. Oft kommen Sie an ihnen mit einer großen Kamera auch nicht in den Fokus.

Fernrohre mit 2"-Anschluss (5,1 cm) sind besser geeignet. Ihnen liegt in der Regel ein Adapter für 1,25"-Okulare bei, den Sie für die Astrofotografie nicht benötigen. Einige dieser Adapter haben ein T-Gewinde integriert, dennoch sollten Sie eine eigene 2"-Steckhülse verwenden. Ansonsten haben Sie doch nur den Durchlass eines 1,25"-Okularauszugs.

Über die 2"-Steckhülse wird die Kamera anstelle von Okular und ggf. Zenitspiegel direkt in den Okularauszug gesteckt. Nun müssen Sie nur noch am Okularauszug scharf stellen. Dazu verwenden Sie wie beim visuellen Beobachten den Fokussiertrieb am Okularauszug. Wenn Sie Glück haben, sehen Sie ein scharfes Bild: Kamera und Okular haben nämlich unterschiedliche Schärfepunkte. Bei einem 2"-Okular liegt die Bildebene etwa am Übergang vom Okularkörper zur Steckhülse, während sie bei der Kamera 55 mm tief hinter dem T-Adapter liegt. Viele Newton-Teleskope besitzen daher eine Verlängerungshülse für die visuelle Beobachtung, die beim Einsatz einer Kamera entfernt werden muss. Linsenteleskope verwenden einen Zenitspiegel, damit Sie einen bequemen Einblick haben. Er entfällt bei der Fotografie, was Ihnen einige Zentimeter Lichtweg spart. Ein Sonderfall sind Schmidt-Cassegrains, da bei diesen Teleskopen beim Fokussieren der Hauptspiegel bewegt wird: Hier kommen Sie zwar praktisch immer in den Fokus, aber für eine bestmögliche Abbildungsqualität sollte die Kamera in einem bestimmten Abstand vom Teleskop montiert sein. Die Hersteller bieten daher eigene T-Adapter an, die diesen Abstand gewährleisten.

Wenn Sie nicht in den Fokus kommen, gibt es zwei Möglichkeiten: Entweder müssen Sie näher an das Objektiv des Teleskops oder weiter weg. Mehr Abstand ist leicht zu erreichen, indem Sie Verlängerungshülsen (meist T-2) verwenden. Wenn Sie den Okularauszug dagegen bereits bis zum Anschlag eingefahren haben und das Bild immer noch unscharf ist, wird es knifflig. Bei einem Newton-Teleskop können Sie oft noch ein paar Millimeter herausholen, indem Sie den Hauptspiegel über die Justageschrauben nach oben drehen. Am Refraktor helfen eventuell ein flachbauender T-Ring, eine flachere Okularklemme oder ein anderer Okularauszug – im schlimmsten Fall müssen Sie zur Säge greifen und den Teleskoptubus kürzen. Mit einer Barlowlinse (siehe Seite 99) können Sie den Fokus nach außen verschieben, allerdings vergrößert sie die Brennweite, was längere Belichtungszeiten bedeutet.

Es wäre natürlich schön, wenn der Okularauszug immer genug Weg hätte, um mit allem in den Fokus zu kommen. Aus praktischen Gründen geht das leider nicht: Wenn das Auszugsrohr zu weit in den Fernrohrtubus ragt, beschneidet es den Strahlengang des Objektivs, und Sie würden Öffnung verlieren. Vor allem bei Teleskopen mit schnellem Öffnungsverhältnis (die besonders gut für die Fotografie geeignet sind) besteht dieses Risiko. Bei einem Newton-Spiegel ragt der Okularauszug sogar seitlich in den Tubus und verdeckt einen Teil des Spiegels. Umgekehrt wird der Okularauszug instabil, wenn man ihn zu weit auszieht. Er läuft oft nur auf ein paar Kugellagern – und wenn eine schwere Kamera an ein vollständig ausgefahrenes Rohr montiert wird, kann der Okularauszug verkippen. Dann ist nur noch eine Hälfte des Bilds scharf, weil der Sensor schräg zur Bildebene steht. An einigen größeren Linsenteleskopen kommen daher sogar massive Fokussierer mit Durchmessern von 2,5" oder 3" zum Einsatz.

Bei diesem Newton ragt der Okularauszug weit in den Tubus hinein und schattet den Hauptspiegel ab.

Ein einfacher 1,25"-Okularauszug (rechts) und ein 2"-Crayford-Okularauszug mit Untersetzung (links), davor ein Adapter von 2" aus 1¼"

Verkippung und Stabilität sind bei vielen Okularauszügen ein Problem. Die besseren Modelle haben eine oder mehrere Justierschrauben, um die Leichtgängigkeit einzustellen. Ziehen Sie sie nicht zu fest an, damit eventuell vorhandene Kugellager nicht gesprengt werden. Eine weitere Klemmschraube dient dazu, die Position zu fixieren, sobald Sie scharfgestellt haben. Je nach Position kann sie auch dazu führen, dass der Okularauszug verkippt.

Günstige Okularauszüge haben meist einen Zahnstangenauszug (»Rack and Pinion«), bei dem am Okularauszug eine Zahnstange befestigt ist, die über ein kleines Zahnrad bewegt wird. Das System kann sehr gut funktionieren, auch wenn bei billigeren Modellen mechanisches Spiel gerne mit Unmengen von Schmierfett kaschiert wird. Der Vorteil ist, dass diese Okularauszüge normalerweise nicht durchrutschen, selbst wenn schweres Zubehör an ihnen befestigt ist.

Heute werden vermehrt Crayford-Okularauszüge eingebaut, bei denen die Fokusräder eine Stahlstange antreiben, die direkt auf das in Kugellagern geführte Auszugsrohr drückt. Die meisten haben auch eine 1:10-Untersetzung, mit der selbst an schnellen Teleskopen mit f/6 oder f/4 feinfühlig fokussiert werden kann – an langsamen Teleskopen ist der Schärfebereich größer und das Fokussieren einfacher. Um ein Durchrutschen bei großer Last zu verhindern, gibt es eine Feststellschraube. Mit dem Baader Diamond Steeltrack gibt es sogar den ersten Okularauszug am Markt, der für mehr Grip eine diamantbeschichtete Schiene am Auszugsrohr besitzt.

Damit die Bilder etwas werden, müssen Sie an der Kamera noch zwei Dinge einstellen: Aktivieren Sie (bei einer DSLR) die Spiegelvorauslösung, um unnötige Erschütterungen zu vermeiden, und schalten Sie den Autofokus aus. Die meisten Kameras lösen sonst nicht aus, wenn sie nicht mit der Fokuselektronik des Objektivs kommunizieren können – und ein einfacher T-Ring hat keinerlei Elektronik.

Scharfstellen am Teleskop

Mit dem perfekten Fokus steht und fällt das Bild. Im Kamerasucher ist es fast unmöglich, die Schärfe zu beurteilen – selbst wenn man eine alte Aufsteck-Sucherlupe aus Analog-Zeiten besitzt. Zum Glück bieten fast alle Kameras heute einen Live-View an, der das Kamerabild in Echtzeit auf dem Display zeigt. Wenn Sie es vergrößern, können Sie schon sehr gut beurteilen, ob Sie den Fokus getroffen haben. Noch komfortabler wird es, wenn die Kamera ein klappbares Display hat oder Sie das Bild auf einen PC übertragen können.

Aber auch dann ist es nicht immer einfach zu beurteilen, wann man den perfekten Fokuspunkt getroffen hat. Zum Glück gibt es Hilfsmittel, mit denen das Bild deutlicher wird. Die Scheinerblende geht schon auf das 17. Jahrhundert zurück und wurde von Christoph Scheiner erdacht, auf den auch die parallaktische (»deutsche«) Montierung zurückgeht. Eine Scheiner-Blende besteht lediglich aus einer Blende mit zwei nebeneinanderliegenden Löchern, die vor das Objektiv gesetzt wird. Solange das Bild unscharf ist, sehen Sie alles doppelt; je schärfer es wird, desto näher wandern die beiden Bilder zusammen.

Noch deutlicher wird es mit der Bahtinov-Maske, die Pawel Iwanowitsch Bachtinow 2005 vorstellte. Durch Beugung an einer Vielzahl von Schlitzen entsteht ein markantes Muster, das sich beim Fokussieren bewegt. Zusammen mit dem Live-View der Kamera lässt sich so leicht beurteilen, ob man die perfekte Schärfe erzielt hat. Nutzen Sie am besten einen hellen Stern, der nicht ganz in der Bildmitte steht – so erzielen Sie auch bei Teleskopen mit Bildfeld-

Eine Bahtinovmaske vor dem Objektiv des Teleskops hilft beim Scharfstellen.

Eine Bahtinovmaske erzeugt ein Beugungsmuster, mit dem Sie die Schärfe sehr gut beurteilen können – links leicht defokussiert, rechts das fokussierte Bild.

wölbung (siehe nachfolgender Abschnitt) eine im Schnitt gute Schärfe über das gesamte Bildfeld.

Wenn Sie das Bild am PC betrachten, haben Sie noch eine weitere Option: Einige Programme unterstützen die FWHM-Methode. Die Abkürzung steht für »Full Width at Half Maximum«. Bei dieser Methode wird ein Modell der Sternhelligkeit dargestellt, das die Helligkeitsverteilung über die Ausdehnung angibt – letztlich sehen Sie dann einen Graph, der die Helligkeit angibt. Je steiler er ist, desto besser wurde die Schärfe getroffen. Spezielle Software wie *DeepSkyStacker Live*, *Images Plus* oder *DSLR Focus* bieten diese Auswertemöglichkeit, ebenso Softwarepakete wie *Sharpcap*. Die meisten benötigen einen Windows-PC und Sie müssen nachschauen, ob sie mit Ihrer Kamera kompatibel sind – diese Programme werden vor allem mit CCD-Kameras eingesetzt.

Beim Fokussieren werden Sie noch auf ein anderes Problem stoßen: die Stabilität. Falls Sie keine massive Sternwartenmontierung verwenden, wird das Bild praktisch immer zittern, wenn Sie den Fokussierer berühren. Dieses Zittern erschwert das Fokussieren natürlich extrem. Die Lösung ist ein Motorfokussierer: ein Elektromotor, der an den Okularauszug angeschlossen wird und über einen Handcontroller oder den PC gesteuert wird. Mit der richtigen Software ist hier sogar ein Autofokus am Teleskop möglich.

Wenn Sie einmal den richtigen Fokus gefunden haben, können Sie endlich fotografieren. Aber Vorsicht: Im Laufe einer Nacht kann sich die Länge Ihres Teleskops durch Temperaturschwankungen verändern. Sie sollten den Fokus daher immer wieder kontrollieren. Einige Motorfokussierer haben sogar einen Temperatursensor eingebaut, um diese Temperaturdrift automatisch auszugleichen.

Bildfeldebner und Komakorrektur

Irgendwann ist es so weit und Sie haben die ersten schönen Aufnahmen im Kasten. Die Sterne sind scharf, der Nebel oder die Spiralarme der Galaxie sind nach etwas Bearbeitung schön zu erkennen und dann machen Sie den Fehler, sich die Bildecken anzusehen. Falls Sie nicht gerade mit einem sehr langsamen Öffnungsverhältnis fotografieren, kommt die Ernüchterung: Die Sterne an den Rändern sind länglich verzogen oder – am Newton – zu kleinen Kometen aufgeblasen.

Gratuliere: Sie sind nun so weit, dass Sie die Bildfehler Ihrer Optik bemerken. Abhängig vom Öffnungsverhältnis leiden Linsenteleskope unter Bildfeldkrümmung und Newton-Teleskope unter Koma. Dadurch wird das Bild am Rand immer schlechter. Die Bildfeldkrümmung sorgt dafür, dass es über das Bildfeld verschiedene Schärfeebenen gibt. Sie müssten also für den Rand anders scharfstellen als für die Bildmitte oder einen gekrümmten Sensor verwenden. Der Komafehler eines Newton ist eine Eigenschaft der Parabolspiegel: Licht, das abseits der optischen Achse (off-axis) auf den Spiegel trifft, wird anders fokussiert als das auf der Achse. Je lichtstärker ein Teleskop ist (also bei großem Öffnungsverhältnis), desto auffälliger sind diese Bildfehler.

Jedes normale Teleskop zeigt diese Bildfehler, lediglich spezielle Astrografen haben die nötigen Korrektoren bereits eingebaut. Aber wer fängt schon mit einem EdgeHD-Teleskop oder einem Nagler-Petzval-Refraktor für mehrere tausend Euro an?

Wenn Sie am Anfang der Astrofotografie stehen, stören die Bildfehler noch nicht so sehr. Die Freude über das erste gelungene Bild ist größer als der Ärger über die Abbildungsfehler! Aber irgendwann kommt der Drang zur Perfektion. Zum Glück gibt es für die meisten Teleskope die passenden Korrektorlinsen.

Bildfeldebner gibt es für viele gängige Linsenteleskope. Sie werden einfach vor die Kamera geschraubt, oft kommt dabei das größere M48-Gewinde

Ein Bildfeldebner für Refraktoren. Er wird vor den Kameraadapter geschraubt. Oben ist das M48-Gewinde zu sehen, links der Adapter auf das jeweilige Kamerabajonett.

Ein Komakorrektor für Newtons. Er wird über einen M48- oder T-Ring am Kamerabajonett befestigt und dient zugleich als 2"-Steckhülse. Bild: Baader Planetarium

statt des T-2-Gewindes zum Einsatz. Achten Sie darauf, dass Sie einen Standard-M48-Adapter verwenden, damit die Abstände stimmen. Sonst funktioniert der Adapter nicht wie gewünscht. Viele Bildfeldebner verkürzen gleichzeitig die Brennweite, sodass Sie ein größeres Bildfeld und kürzere Belichtungszeiten haben.

Viele Koma-Korrektoren für Newton-Teleskope verlängern die Brennweite des Fernrohrs, beseitigen aber die Koma zuverlässig. Der MPCC von Baader Planetarium erhält das Öffnungsverhältnis, sodass Sie weiterhin ein schnelles Teleskop haben. Auch bei Koma-Korrektoren müssen die Abstände beibehalten werden, damit sie funktionieren. An Teleskopen mit f/4 oder f/5 sind sie zwingend notwendig und lohnen sich auch in Kombination mit einem Okular.

Aufnahme des Kugelsternhaufens M 3 durch einen ED80/600-Refraktor ohne Bildfeldebner (rechts) mit einer APS-C-Kamera. In der Bildmitte (unten rechts) sind die Sterne scharf, am Rand (unten links) dagegen zu Strichen verzerrt.

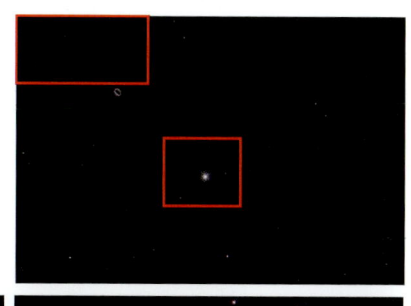

Bildfeldebner und Komakorrektur

Die Brennweite anpassen

Ein Teleskop ist im Prinzip ein Festbrennweitenobjektiv mit einer festen Blende. Letztlich müssen Sie also Ihre Ziele entsprechend Ihres Teleskops auswählen, da Sie den Bildmaßstab nicht verändern können. Vergessen Sie auch die Frage, welche Vergrößerung ein Bild hat, oder das Konzept des Crop-Faktors. Die Vergrößerung hängt lediglich davon ab, wie Sie das Bild ausgeben – Sie können ein formatfüllendes Bild des Monds auf dem Kameradisplay anschauen oder in Postergröße ausgeben, für den Maßstab der Bilddatei ist das egal: Der Mond hat immer einen Durchmesser von 3476 km oder etwa 0,5° am Himmel.

Auch der Crop-Faktor stiftet nur Verwirrung: Er gibt lediglich an, welche Brennweite ein Objektiv haben müsste, um denselben Bildausschnitt zu zeigen wie eine Vollformatkamera, wenn man das Bild auf dieselben Dimensionen vergrößert. Dieses Sensorformat hat in der Astronomie aber bei weitem nicht die Bedeutung wie in der Alltagsfotografie (es gibt sogar Kameras mit quadratischem Sensor) und wenn Sie ein Bild am Rechner freistellen, ändert sich die Brennweite ja auch nicht. Gehen Sie einmal davon aus, dass zwei verschiedene Kameras etwa gleich große Pixel hätten: Dann können Sie das formatfüllende Bild des Vollmonds, das mit einer Planetenkamera mit einem kleinen 640 × 480 Pixel-Sensor und vielleicht 200 mm Brennweite aufgenommen wurde, zwar auch auf dasselbe Format vergrößern wie das einer Vollformatkamera bei 2000 mm – nur werden Sie dann nichts mehr erkennen, da die Pixel viel zu sehr aufgebläht werden. Und wenn Sie dasselbe Bild z. B. mit einer alten 5-MP- und einer neuen 24-MP-DSLR aufnehmen und bei 100 % Pixelgröße anschauen oder mit 300 dpi drucken, ist das Bild der neuen Kamera wiederum viel größer. Die Auflösung ist viel interessanter als die Sensorgröße und die Objekte werden passend zu Brennweite und Bildfeld gewählt.

Gewöhnen Sie sich lieber an, an das Bildfeld in Grad zu denken – das ist die übliche Angabe von Größen am Himmel. Sonne und Mond haben etwa einen Durchmesser von einem halben Grad oder 30 Bogenminuten (30'), der Dau-

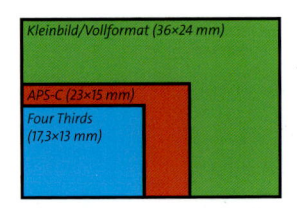

Größenvergleich von Vollformat-, APS-C- und (Micro) Fourthirds-Sensoren

men an der ausgestreckten Hand deckt etwa ein Grad (60') ab und ein Vollkreis hat 360 Grad. Wie groß der Himmelsausschnitt ist, den Sie auf einem Foto abbilden können, hängt von der Sensorgröße und der Brennweite in Millimeter ab – und zwar der realen Brennweite. Ein 1000-mm-Teleskop hat immer 1000 mm Brennweite, egal ob eine Vollformatkamera daran hängt oder eine Kamera mit einem Cropfaktor von 1,6 – dadurch ändert sich seine Brennweite noch lange nicht auf magische Weise auf 1600 mm.

Der Bildwinkel α ergibt sich wie folgt aus der Kantenlänge L des Sensors und der Brennweite f des Teleskops:

$$\alpha = 2 \times \arctan (L/[2 \times f])$$

Wenn Ihnen die Berechnung zu aufwendig ist, können Sie die Werte natürlich auch einfach in ein Planetariums- oder Sternkartenprogramm eingeben und sich den Bildausschnitt anzeigen lassen. Dann sehen Sie auch gleich, ob ein Objekt in das Bildfeld passt. Das Okular-Plugin von Stellarium ist eine kostenlose Möglichkeit dazu.

In gewissen Grenzen kann die Brennweite aber doch angepasst werden. Zwei Möglichkeiten dazu haben Sie bereits kennen gelernt: Zum einen diejenigen Bildfeldebner für Refraktoren, die gleichzeitig als Reducer arbeiten und die Brennweite verkürzen, und zum anderen die Okularprojektion, die große Effektivbrennweiten ermöglicht.

Shapley-Linsen, Telekompressoren und Reducer verkürzen die Brennweite. Dabei sinkt allerdings oft auch das nutzbare Bildfeld, sodass sie eventuell nur in Kombination mit kleineren Sensoren sinnvoll sind. Schließlich können sie nur das Bildfeld am Himmel zeigen, das auch in den Okularauszug passt. Da Vollformatsensoren diesen bereits gut abdecken (schließlich führt bereits ein Standard-T-Ring zu Vignettierung), lohnen sich Reducer nur an kleineren Sensoren. Für manche Teleskope existieren aber auch Reducer, die für das Vollformat gerechnet sind. Achten Sie beim Teleskopkauf also auch darauf, welches Zubehör verfügbar ist.

Eine Barlowlinse lässt sich schon eher einsetzen und passt an jedes Teleskop. Die meisten verlängern die Brennweite um den Faktor zwei bis drei, bei entsprechend längeren Belichtungszeiten. Aber Vorsicht: Eine Verdoppelung der Brennweite vervierfacht die Belichtungszeit! Durch die höhere Vergrößerung verteilt sich dieselbe Lichtmenge auf eine größere Fläche und das Bild wird dunkler. Einige Modelle liefern sogar eine bis zu achtfache Brennweitenverlängerung.

Der Verlängerungsfaktor einer Barlowlinse hängt ebenfalls vom korrekten Abstand ab. Wenn Sie ihn steigern, erhöht sich auch die Vergrößerung. In gewissen Grenzen können Sie mit den Abständen spielen, die Bildfehler zeigen sich zuerst am Bildrand. Je kleiner ein Sensor ist, desto höher können Sie vergrößern, bevor die Bildfehler auffallen.

Einnorden für Fortgeschrittene

Vor allem wenn Sie mobil unterwegs sind und die Montierung nicht fest aufgestellt bleibt, geht viel von Ihrer Beobachtungszeit für das exakte Einnorden verloren. Aber wenn die Montierung nicht exakt auf den Himmelspol ausgerichtet ist, gibt es selbst bei perfekter Nachführung auf einen Stern Bildfeldrotation und zu Strichen verzogene Sterne. Dann dreht sich die Montierung nämlich nicht um den Himmelspol und alle Sterne drehen sich um den Stern, auf den Sie nachführen. Besonders extrem fällt die Bildfeldrotation bei azimutalen Montierungen auf (Seite 148).

Die meisten Montierungen werden auch heute noch mit einem Polsucher eingenordet, wie ab Seite 64 beschrieben. Darüber hinaus gibt es eine Reihe weiterer Methoden, von schnell und einfach bis hin zu hochpräzise. Die einfache Version mit Neigungsmesser und Kompass bzw. den entsprechenden Handy-Apps ist für ein richtiges Teleskop zu ungenau – schon, weil in einer Montierung einiges an Metall verbaut ist, das den Kompass Ihres Smartphones stört.

Methode »Kochab«

Die Kochab-Methode funktioniert im Prinzip genauso wie das Einnorden mit dem Polsucher, macht sich aber die Tatsache zunutze, dass Himmelsnordpol, Polarstern und der Stern Kochab (β Ursae Minoris, der leicht rötliche obere, hintere Kastenstern des Kleinen Wagens) zurzeit auf einer Linie liegen. Auch hier müssen Sie den Polarstern zuerst im Polsucher sehen – für die Grobausrichtung richten Sie das Teleskop in der Grundstellung (Teleskop oben, Gegengewichte unten, Deklination 90°) auf den Polarstern, damit Sie ihn in Sucher und Teleskop sehen. Danach müssen Sie die Deklinationsachse in der Regel so verdrehen, dass der Polsucher freien Blick auf den Himmel hat. Bei den meisten Montierungen sitzt der Polsucher wie in der Abbildung auf der gegen-

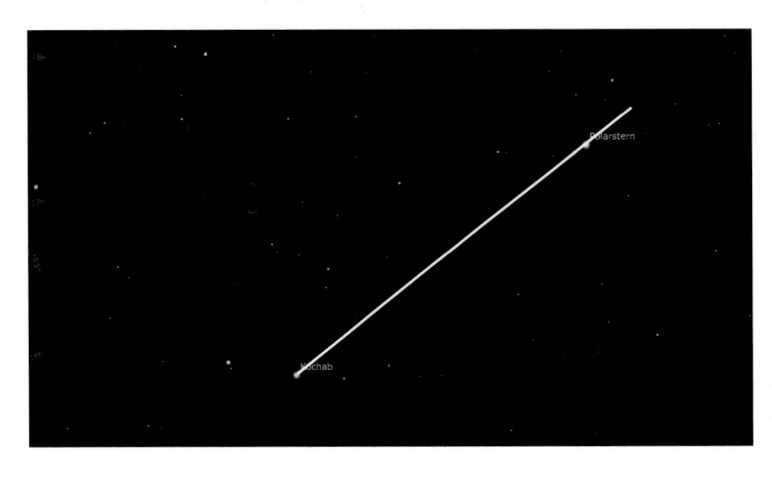

Kochab (β Ursae Minoris) hilft beim Einnorden, wenn Sie ihn und den Polarstern gleichzeitig im Auge behalten können: Die beiden Sterne liegen auf einer Linie mit dem Himmelspol.

überliegenden Seite in der Rektaszensionsachse und kann nur genutzt werden, wenn die Deklinationsachse passend steht. Rund um die Mittenmarkierung für den Himmelspol befindet sich im Polsucher ein großer Kreis mit einer Markierung, in der der Polarstern stehen sollte. Diese kleine Markierung können Sie bei der Kochab-Methode getrost ignorieren. Stattdessen suchen Sie Kochab mit bloßem Auge, ziehen in Gedanken die Linie zum Polarstern und schauen dann in den Polsucher. Bringen Sie den Polarstern nun auf die Stelle des großen Kreises, die genau zwischen der Mittenmarkierung und Kochab steht, wenn Sie ihn mit bloßem Auge sehen. Der Himmelspol steht zwar eigentlich jenseits des Polarsterns, aber da der Polsucher das Bild umdreht, muss der Polarstern zwischen Mittenmarkierung und Kochab stehen.

Die Deklinationsachse einer Montierung muss gedreht werden, damit der Polsucher freien Blick in den Himmel hat.

Mit etwas Übung ist es möglich, mit einem Auge den Polarstern im Polsucher anzupeilen und mit dem anderen Kochab mit bloßem Auge. Oder Sie richten eine Achse der Mittenmarkierung auf Kochab und bringen den Polarstern dann auf den runden Kreis.

Die eigentliche Markierung für den Polarstern benötigen Sie so nur, um den Abstand des Sterns zum Kreis richtig einzuschätzen. Mit etwas Übung kann eine Montierung mit Polsucher so in gut einer Minute ordentlich eingenordet werden.

Scheinern

Große Sternwartenmontierungen, die fest aufgebaut bleiben, werden in der Regel eingescheinert. Bei dieser auch als »Drift-Methode« bekannten Vorgehensweise wird die Montierung grob eingenordet, gerne auch mit Polsucher. Der kleine Polsucher kommt bei langen Brennweiten allerdings an seine Grenzen, daher muss nachgearbeitet werden.

Zum Scheinern benötigen Sie ein (möglichst beleuchtetes) Fadenkreuzokular, das rund 125x vergrößert. Richten Sie seine Markierungen so aus, dass sie zu den Achsen der Montierung parallel sind. Wenn Sie das Teleskop also nur in einer Achse bewegen, sollte der Stern sich entlang der Markierungen des Okulars bewegen.

Verzichten Sie beim Einscheinern auf einen Zenitspiegel, um Messfehler zu vermeiden. Der Anblick im Okular ist ohne Zenitspiegel in Linsenteleskopen, Newtons und Schmidt-Cassegrains gleich: Das Bild ist um 180° gedreht, oben und unten sowie rechts und links sind also vertauscht.

Nun suchen Sie einen Stern, der zurzeit im Süden und möglichst nahe des Himmelsäquators steht – also bei einer Deklination von 0°. Ein Sternatlas oder eine gute App geben die Koordinaten der Sterne an. Richten Sie das Fadenkreuz so aus, dass der Stern sich entlang einer Achse bewegt, wenn Sie die Rektaszensionsachse bewegen. Bei ausgeschalteter Nachführung und perfekter Einnordung wandert der Stern nun ebenfalls entlang des waagrechten Fadens im Okular von rechts nach links, also von Ost nach West.

Sobald das Fadenkreuzokular ausgerichtet ist, dürfen Sie es im Okularauszug nicht mehr verdrehen!

Bringen Sie nun den Stern in die Mitte des Fadenkreuzes und schauen Sie bei laufender Nachführung zu, ob er nach oben (Süden) oder nach unten (Norden) wandert. Nun verstellen Sie den Montierungsblock mit den Azimut-Stellschrauben wie folgt:

- Wenn der Stern nach oben wandert (Bild links), drehen Sie das Nordende der Rektaszensionsachse nach Westen.
- Wenn der Stern nach unten wandert (Bild rechts), drehen Sie das Nordende der Rektaszensionsachse nach Osten.

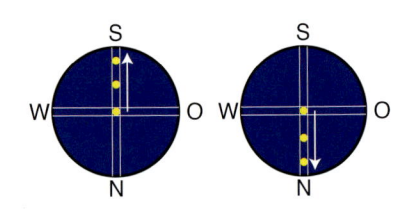

Und jetzt kommt der unangenehme Teil: Den Prozess müssen Sie so lange wiederholen, bis der Stern etwa 20 Minuten lang nicht mehr nach oben oder unten wegdriftet. Dabei dürfen Sie das Teleskop nur in der Rektaszensionsachse verstellen, um den Stern wieder zu zentrieren, aber nicht in der Deklinationsachse!

Anschließend stellen Sie die Polhöhe ein. Dazu schwenken Sie das Teleskop auf einen Stern im Osten, der etwa 30° über dem Horizont und wiederum nahe des Himmelsäquators steht. Das Fadenkreuz steht nun etwa um 45° gekippt. Bei abgeschalteter Nachführung muss der Stern sich diagonal von rechts oben nach links unten bewegen. Zentrieren Sie ihn wieder und beobachten Sie bei eingeschalteter Nachführung, wohin er sich bewegt.

- Wenn der Stern nach links oben wandert, drehen Sie das Nordende der Rektaszensionsachse nach oben, sodass die Montierung steiler steht.
- Wenn der Stern nach rechts unten wandert, drehen Sie das Nordende der Rektaszensionsachse nach unten, sodass die Montierung flacher steht.

Auch hier sollte der Stern letztlich etwa 20 Minuten im Fadenkreuz bleiben. Überprüfen Sie anschließend noch einmal die Aufstellung an einem Stern im Süden und – falls Korrekturen nötig waren – an einem Stern im Osten. Ein mobiles Teleskop kann so im Lauf einer Stunde eingenordet werden, für ein langbrennweitiges Sternwartenteleskop kann auch einmal eine ganze Nacht notwendig sein. Dafür ist die Montierung dann bestmöglich eingenordet.

Irgendwann wird Ihnen dabei auch eine Pendelbewegung entlang der Ost-West-Achse auffallen: Das ist der periodische Schneckenfehler, den fast alle Montierungen haben (siehe Seite 106). Korrigieren Sie daher nur die Abweichungen in Nord-/Südrichtung.

Webcam-Scheinern

Da das Einscheinern einige Zeit in Anspruch nimmt, war es nur eine Frage der Zeit, bis die ersten technischen Hilfsmittel aufkamen. Dabei wird das Fadenkreuzokular durch eine Webcam ersetzt und die Software zeigt an, wie weit man beim Einnorden daneben liegt. Auch hier sollte wie beim klassischen Scheinern mit Sternen am Himmelsäquator gearbeitet werden.

Software wie das kostenpflichtige *WebCam-Scheinern* (*http://wcs.ruthner.at*) zeigt dann einen Zielpunkt an, auf den die Montierung über die Stellschrauben für Azimut und Polhöhe eingestellt werden muss. Auch das englischsprachige PHD-Guiding (*https://openphdguiding.org*) unterstützt verschiedene Hilfsroutinen zum Einnorden, wobei die Software eigentlich für das Autoguiding (siehe Seite 106) gedacht ist.

Einnorden mit der Montierung

Mit etwas Glück unterstützt Ihre Goto-Montierung Sie beim Einnorden. Die Celestron-Nexstar-Montierungen bieten unter dem Namen *All-Star Polar Align* eine Routine an, mit der Sie die Montierung auch ohne Blick auf den Polarstern einnorden können. Die computergesteuerten SynScan-Montierungen von Sky-Watcher zogen etwas später nach und bieten das EQ GOTO Polar Re-Alignment, das genau dasselbe macht.

Im Prinzip richten Sie die Montierung zunächst grob auf den Polarstern aus und führen ein normales Alignment an zwei Sternen aus. Sie stellen also zwei Referenzsterne ein, damit die Computersteuerung weiß, wohin das Teleskop zeigt. Dann kann der eingebaute Computer der Montierung den Fehler beim Aufstellen berechnen und Objekte können im Teleskop angefahren werden. Bei längerer Beobachtung wandern sie aber aus dem Okular, wenn die Montierung nicht exakt auf den Himmelspol ausgerichtet ist – die Montierung führt nur in einer Achse mit der immer gleichen Geschwindigkeit nach.

Wenn Sie nach dem Alignment das All-Star Polar Align aufrufen, fährt die Montierung einen weiteren Stern an – genauer gesagt die Position, an der der Stern stünde, wenn die Montierung exakt aufgestellt wäre. Nun müssen Sie Montierung und Teleskop über die Stellschrauben für Azimut und Polhöhe auf den Stern ausrichten. Anschließend wiederholen Sie das Alignment noch einmal und überprüfen die Genauigkeit; der Fehler wird im Handcontroller angezeigt. Mit einem Fadenkreuzokular können Sie so eine sehr hohe Genauigkeit erreichen. Der Vorteil dieser Methode ist, dass Sie durch die Vergrößerung des Teleskops eine hohe Präzision erreichen und dank des Fadenkreuzokulars einen bequemen Einblick haben. Die Genauigkeit ist nur wenig schlechter als beim Einscheinern und für kleine, mobile Teleskope ausreichend.

Polemaster

Eine High-Tech-Lösung zum Einnorden ist der Polemaster. Dabei handelt es sich um eine kleine Kamera, die vorne auf die Öffnung des Polsuchers gesteckt wird. Damit das funktioniert, muss der Adapter stabil sitzen, und Sie benötigen einen Windows-PC. Im Prinzip wird die Rektaszensionsachse dann mit der Kamera gedreht und die Software wertet die Drehung aus – bzw. man muss die Sterne markieren, die sich bewegt haben. Anschließend müssen Rotationszentrum und Himmelspol in Deckung gebracht werden, wobei die Software anzeigt, wo welche Sterne im Livebild auf dem Monitor stehen müssen.

In wenigen Minuten soll so eine recht hohe Genauigkeit erzielbar sein. Der Nachteil ist der hohe Preis von über 350 Euro (Stand 2018).

Der PoleMaster ist eine kleine Kamera, die vor die Öffnung des Polsuchers gesteckt wird.
Bild: QHY

Sharpcap

Bei Teleskopen ohne All-Star Polar Align können Sie diese Technik mit einer Planetenkamera im Sucherfernrohr und der kostenpflichtigen Software Sharpcap simulieren. In diesem Fall benötigen Sie aber neben einer Kamera samt Optik noch einen Windows-Laptop. Die Kamera benötigt ein Bildfeld von ein bis zweieinhalb Grad, sodass eine modernes Videomodul an einem Sucher mit rund 200 mm Brennweite gut funktioniert – praktischerweise dieselbe Kombination, die auch gerne für Autoguiding verwendet wird (dazu gleich mehr).

Die Kamera nimmt dann mehrere Bilder der Region um den Polarstern auf, während Sie die Rektaszensionsachse um etwa 90° drehen. Aus den Sternpositionen berechnet die Software dann die korrekte Orientierung und zeigt auf dem Monitor im Livebild an, wie Sie einen Referenzstern positionieren müssen. Sobald die Montierung gut genug ausgerichtet ist, müssen Sie die Achsen nur noch festklemmen.

Sharpcap ist nicht ganz billig, wenn Sie eine lebenslange Lizenz wollen oder ein Jahresabo kaufen. Die kostenlose Version bietet viele hilfreiche Funktionen, jedoch keine Unterstützung beim Einnorden.

Die Einnord-Routine von Sharpcap basiert auf dem frei erhältlichen Python-Programm *PhotoPolarAlign* (*github.com/ThemosTsikas/PhotoPolarAlign*), das allerdings eine gewisse Einarbeitung in die Python-Umgebung voraussetzt.

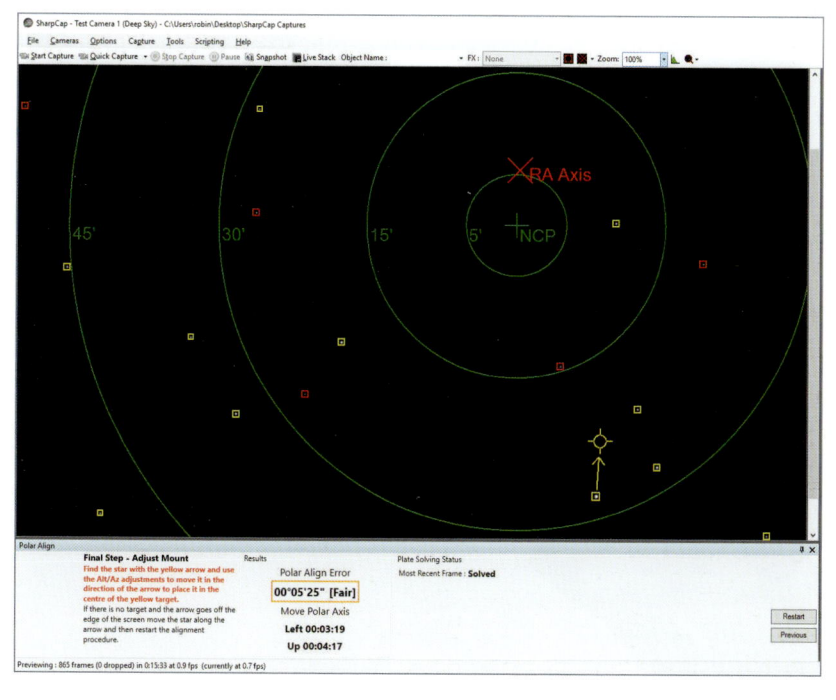

Sharpcap zeigt auf dem Monitor Ihres PCs an, wie Sie die Montierung verstellen müssen.
Bild: Sharpcap

Nachführfehler und Autoguiding

Selbst bei einer perfekt eingenordeten Montierung gibt es Nachführfehler, die die maximale Belichtungszeit begrenzen. Ein Problem kann der Untergrund sein: Wenn das Stativ im Lauf der Nacht unbemerkt in den weichen Boden einsinkt, ist es egal, wie gut Sie am Abend eingenordet hatten. Meist viel wichtiger ist die Laufgenauigkeit der Montierung: Die Motoren wirken bei den meisten Montierungen nicht direkt auf die Achsen, sondern treiben über ein Getriebe eine Schnecke an, die ein möglichst großes Zahnrad auf der Montierungsachse antreibt. Je größer das Zahnrad, desto genauer kann nachgeführt werden. Zahnräder können nämlich sehr genau hergestellt werden, während die Antriebsschnecken immer einen gewissen Fehlgang haben. Dieser periodische Schneckenfehler sorgt dafür, dass die Montierung regelmäßig mal schneller und mal langsamer läuft. Nur bei wenigen sehr großen und teuren »Direct-Drive«-Montierungen sitzen die Motoren direkt an den Achsen.

Bei guten Montierungen beträgt der Nachführfehler nur wenige Bogensekunden, aber er ist immer noch vorhanden. Es gibt ein paar Möglichkeiten, um ihn zu beseitigen. Teure Montierungen wie die Modelle von 10Micron haben hochpräzise Encoder auf beiden Achsen, die die genaue Position bestimmen und so die Nachführgeschwindigkeit permanent anpassen können. Dabei können sie sogar Effekte wie die Lichtbrechung in der Erdatmosphäre berücksichtigen, die die Position der Sterne zusätzlich beeinflussen. Dadurch ist eine Nachführgenauigkeit von etwa einer Bogensekunde möglich – in der Regel ist die Luftunruhe stärker, sodass die Sterne so punktförmig wie möglich sind. Leider fangen Preise für diese Montierungen bei rund 9000 Euro an.

Früher wurde versucht, den Schneckenfehler so gering wie möglich zu halten. Gute Montierungen wie die Vixen GP-DX erreichen eine Nachführgenau-

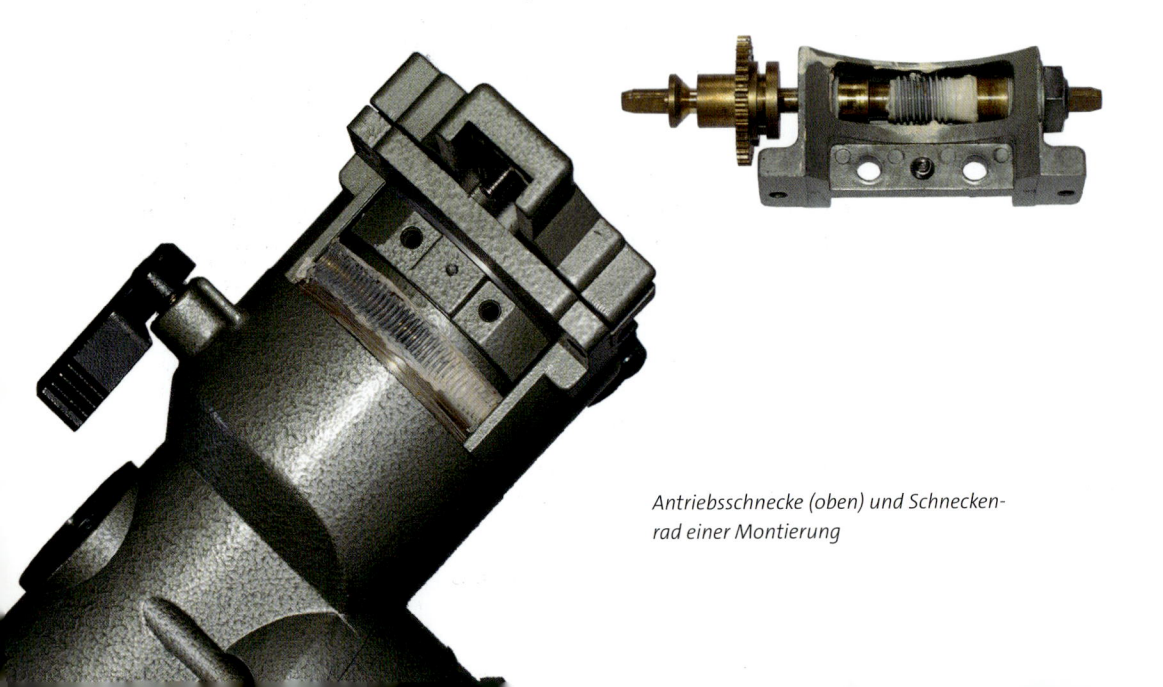

Antriebsschnecke (oben) und Schneckenrad einer Montierung

igkeit von immerhin sieben Bogensekunden. Zum Vergleich: Jupiter hat einen Durchmesser von rund 30 Bogensekunden, je nach Abstand zur Erde, seine Monde erscheinen rund 1,5 Bogensekunden groß.

Mittlerweile wird in der Fotografie auf Autoguider gesetzt: Eine kleine Kamera an einer zweiten Optik sendet Korrekturimpulse an die Montierung, damit der Leitstern perfekt zentriert bleibt. Früher musste man dafür den Stern durch ein aufgesatteltes Teleskop in einem Fadenkreuzokular beobachten und manuell korrigieren – ein mühsames Geschäft, das heute der Computer übernimmt. Moderne Montierungen führen daher oft schlechter nach als solche aus den 1980ern, aber sie führen *gleichmäßiger* nach: Der Autoguider kann auch einen großen Schneckenfehler leicht korrigieren, solange es keine großen Sprünge gibt.

Getriebespiel-Ausgleich

Wenn Sie Nachführkorrekturen im Okular verfolgen oder die Richtungstasten der Steuerung bei hoher Vergrößerung betätigen, werden Sie wahrscheinlich feststellen, dass die Montierung nach Richtungswechseln nicht sofort reagiert. Der Grund dafür ist das Getriebe, das den Motor mit der Schnecke verbindet. Die Zahnräder brauchen etwas Spiel, damit sie bei großen Temperaturunterschieden nicht durch die Materialausdehnung blockieren. Dieses Getriebespiel muss nach einem Richtungswechsel erst einmal ausgeglichen werden.

Unter Namen wie »Backlash-Compensation« oder »Getriebespiel-Ausgleich« bieten viele Steuerungen die Möglichkeit, den Motor nach einem Richtungswechsel kurz schneller laufen zu lassen, bis die Zahnräder wieder ineinandergreifen. Bei großem Getriebespiel können Autoguider leicht zur Verzweiflung gebracht werden und überkorrigieren, da sie vergeblich auf eine Reaktion der Montierung warten.

Ein Hilfsmittel, um das Getriebespiel in den Griff zu bekommen, ist einfach: Achten Sie darauf, dass die Ostseite der Montierung etwas schwerer ist als die Westseite. Dieses Ungleichgewicht sorgt dafür, dass die Motoren immer schieben und die Zahnräder nie den Kontakt verlieren. Für Korrektu-

Oben: Zahnräder zur Kraftübertragung haben Spiel. Darunter: Ein Zahnriemenantrieb minimiert das Getriebespiel.

ren muss der Motor dann nur beschleunigen oder anhalten, aber nie rückwärts laufen – Nachführfehler betreffen vor allem die Rektaszensionsachse und hier sorgt die Erddrehung dafür, dass die Sterne sich immer bewegen. Automatische Korrekturen werden mit 0,5x bis 0,25x der Sterngeschwindigkeit durchgeführt, sodass immer dieselben Flanken der Zahnräder Kontakt haben.

Statt auf Zahnrad-Getriebe greifen bessere Montierungen seit einigen Jahren auf Zahnriemen zur Kraftübertragung zurück. So werden Richtungsänderungen sofort an das Schneckenrad weitergegeben und das leidige Getriebespiel entfällt.

PEC: Periodic Error Correction

Ein Ansatz, um den »Periodischen Schneckenfehler« auszugleichen, verbirgt sich hinter der Abkürzung *PEC* oder *PPEC*. Sie steht für *(Permanent) Periodic Error Correction*, also (ständiger) Ausgleich des periodischen Schneckenfehlers. Diese Technik muss von der Elektronik der Montierung unterstützt werden. Dazu müssen Sie für eine komplette Umdrehung der Antriebsschnecke einen Stern bei hoher Vergrößerung mittig im Fadenkreuz halten, die Montierung zeichnet Ihre Korrekturbefehle auf. Was in der Theorie gut klingt, funktioniert in der Praxis nur, wenn die Korrektur immer bei derselben Stellung der Schnecke anfängt. Durch die Autoguider ist diese Technik mittlerweile überholt und diese Funktion sollte ausgeschaltet sein – ansonsten arbeitet die Montierung gegen den Autoguider.

Autoguider

Es ist ein mühsames Geschäft, während einer längeren Belichtung ständig einen Leitstern im Fadenkreuzokular zentriert zu halten. Was liegt näher, als die andauernden Korrekturen dem Computer zu überlassen? Genau das macht ein Autoguider. Eine kleine, möglichst lichtempfindliche Kamera wird auf den Leitstern ausgerichtet, der Computer wertet das Bild aus und sendet Korrekturimpulse für halbe Nachführgeschwindigkeit an die Montierung, um die Nachführfehler auszugleichen.

Ein *Standalone Autoguider* kommt dabei ohne einen Laptop aus. Er besteht aus der Kamera und einer Handbox, in die der Kontrollcomputer eingebaut ist. Sie benötigen nur noch eine passende Stromversorgung. Der *Lacerta M-GEN* wertet das Bild automatisch aus – wenn ein ausreichend heller Stern zu sehen ist, korrigiert er die Nachführung. Dazu wird er über die ST-4-Schnittstelle an die Montierung angeschlossen. Diese Buchse an der Montierung ist im Prinzip ein zweiter, einfacher Handcontroller-Anschluss. ST-4 ist mittlerweile der gängige Standard, zum Teil werden aber auch noch andere Stecker verwendet.

Der am weitesten verbreitete Standalone-Autoguider ist der MGEN. Bild: Teleskop Austria

Der M-GEN ist zurzeit wohl der am weitesten verbreitete Standalone Autoguider, auch weil er im Gegensatz zu günstigeren Modellen Subpixel-Genauigkeit bietet. Dadurch kann die Brennweite des Leitrohrs deutlich kürzer sein als die der Aufnahmeoptik. So lassen sich mit 200 mm Brennweite auch Teleskope mit einem Meter Brennweite nachführen. Die Montierung freut sich über das gesparte Gewicht! Bei einfachen Autoguidern wie dem Sky-Watcher Synguider ohne Subpixel-Genauigkeit sollte das Leitrohr eine längere Brennweite als die Aufnahmeoptik haben (wenn beide Kameras gleichgroße Pixel verwenden).

Der M-GEN bietet genau wie Guiding-Software am PC die Möglichkeit zum Dithering oder Random Displacement. Dabei wird das Teleskop zwischen den Aufnahmen bewusst um ein paar Pixel verschoben. So können Sie später in der Bildbearbeitung defekte Pixel und Rauschen besser ausgleichen.

Ein Standalone-Autoguider ist dann reizvoll, wenn Sie mit kleinem Gepäck mobil unterwegs sind – also mit einer normalen DSLR fotografieren. Wenn Sie dagegen ohnehin einen Laptop dabei haben, um die Montierung oder die Kamera zu steuern, können Sie diesen auch für das Autoguiding benutzen. Dazu wird ein Kameramodul genau wie eine Webcam an den USB-Port des Laptops angeschlossen.

Spezielle Guidingkameras benötigen den Laptop nur für die Stromversorgung und um die Parameter einzustellen, die eigentlichen Korrekturimpulse werden über die ST-4-Schnittstelle der Kamera direkt an die ST-4-Buchse der Montierung weitergegeben. Dennoch muss der Computer während der gesamten Aufnahme angeschlossen bleiben, da die eigentliche Auswertung über den PC erfolgt. Der ST-4-Port der Kamera übersetzt die PC-Signale nur für die Montierung.

Auch bei Kameras ohne eigenen ST-4-Ausgang wertet z. B. die kostenlose Software PHD2 (*openphdguiding.org*) die Kameradaten aus und gibt die Steuerimpulse über ein weiteres Kabel weiter. Der Anschluss an die Montierung erfolgt entweder über die ST-4-Schnittstelle oder über die ASCOM-Plattform. Um die ST-4-Schnittstelle über den PC zu nutzen, ist ein spezieller Adapter nötig. Daher ist es in der Regel günstiger, die ASCOM-Plattform zu nutzen und die Montierung genau so anzusteuern, wie das auch bei der Steuerung mit einem Planetariumsprogramm gemacht wird.

Die ASCOM-Plattform (*www.ascom-standards.org*) ist ein Projekt, das am Windows-PC standardisierte Schnittstellen für alles rund um die Astronomie bereitstellen will – von der Montierung über Fokussierer und Kameras bis hin zur Kuppelsteuerung. Wenn Sie mit einem Windows-PC arbeiten, ist sie unbedingt einen Blick wert. PHD2 (»Press Here, Dummy«) bietet Subpixel-Genauigkeit und nutzt im Idealfall ASCOM, um sowohl die Guidingkamera anzusprechen als auch um die Signale direkt an die Montierung weiterzugeben.

Eine Guidingkamera mit eigenem ST-4-Ausgang kann Ihnen einige Kopfschmerzen bei der Installation ersparen. Wenn Sie die Kamera nur für das Guiding anschaffen, greifen Sie am besten zu einer Schwarzweiß-Kamera. Diese Modelle sind lichtempfindlicher und liefern so bessere Ergebnisse.

Einige High-End-Kameras bieten sogar die Option zum Selfguiding. Hier ist in die Aufnahmekamera ein weiterer kleiner Sensor eingebaut, der als Autoguiderkamera funktioniert. Aber dann wird es richtig teuer.

Eine Warnung zum Abschluss: Autoguider sind noch lange kein Plug-and-Play. Planen Sie ruhig ein paar Nächte ein, bis Sie das System verstanden haben und es rund läuft. Die unzähligen Kombinationen von Montierungen, Leitrohren und Kameras bieten zahlreiche Fallstricke. Nach dem Einschalten und für jedes neue Objekt muss ein System erst einmal kalibriert werden. Dazu fährt das Teleskop in alle Richtungen, damit die Software erkennt, wie die Achsen orientiert sind. Idealerweise verlaufen die Zeilen des Kamerasensors parallel zu den Achsen und nicht quer. Die Agressivität des Guidings muss nach Gefühl eingestellt werden: Ist der Wert zu hoch, versucht die Kamera, die Luftunruhe auszugleichen und das Teleskop springt wild hin und her. Auch mechanische Unzulänglichkeiten können die Kamera dann aus dem Tritt bringen. Ist die Agressivität dagegen zu niedrig, erfolgen die Korrekturen zu spät.

Leitrohr- und Sucherguiding

Sie können eine Guidingkamera entweder an einen Off-Axis-Guider oder ein Leitrohr anschließen. Der Off-Axis-Guider hat den Vorteil, dass Sie mit der Aufnahmeoptik arbeiten. Der Autoguider sieht also exakt dasselbe Bild wie die Aufnahmekamera. So vermeiden Sie einige mechanische Fehlerquellen. Ein Leitrohr oder seine Rohrschellen können sich zum Beispiel minimal durchbiegen, während das Teleskop einem Stern folgt, und so zu unerklärlichen Fehlern führen. Dafür ist ein Off-Axis-Guider eingeschränkt bei der Leitsternsuche

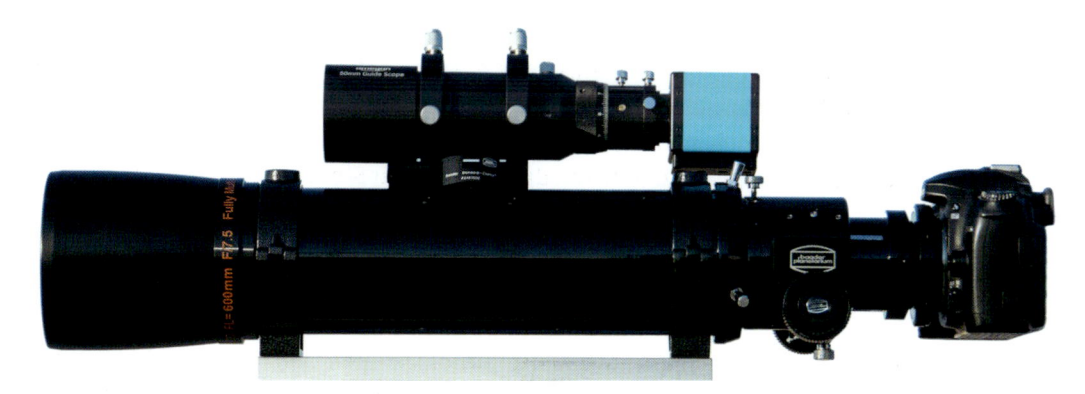

Ein Teleskop mit Kamera, kleinem Leitrohr und Guidingkamera (blau)

und benötigt eine empfindlichere Kamera. Er basiert auf einem Prisma, das in den Strahlengang hinein ragt und Licht seitlich ablenkt. Auch wenn das Prisma um den Okularauszug gedreht werden kann, sollte es natürlich nicht vor dem Kamerasensor stehen. Bei einem rechteckigen Sensor kann der Leitstern also nur oberhalb oder unterhalb des Sensors stehen. Die Leitsternsuche kann so zu einem frustrierenden Erlebnis werden.

An einem Newton oder beim Einsatz von Korrekturlinsen, die einen bestimmten Abstand zur Kamera erfordern, kommt noch das Platzproblem dazu: Der Off-Axis-Guider benötigt Raum. Nicht immer können dann die nötigen Abstände eingehalten werden. An einer Spiegelreflex kann noch das Problem dazukommen, dass der Kamerablitz die Befestigung der Guidingkamera behindert und sie nur unterhalb des Kameragehäuses befestigt werden kann. Aber für sehr lange Brennweiten oder an Geräten, bei denen sich ein Spiegel verstellen kann (vor allem Schmidt-Cassegrains oder Maksutows, in gewissen Maßen auch am Newton), ist der Off-Axis-Guider sinnvoller als ein Leitrohr. Außerdem ist er leichter.

Ein Leitrohr ist ein zweites Teleskop, das in verstellbaren Rohrschellen auf der Aufnahmeoptik befestigt ist. So können Sie die Kamera leichter auf einen hellen Leitstern ausrichten, die Mechanik muss allerdings sehr präzise sein. Beim Guiding mit Subpixel-Genauigkeit genügen mittlerweile sehr kurze Brennweiten, sodass oft schon ein leichter Sucher als Leitrohr genügt – im Idealfall sind Sterne unabhängig von der Brennweite immer Punkte und Lichtstärke ist wichtiger als Vergrößerung. Eine Nachführgenauigkeit von 1-2 Bogensekunden genügt, da die Luftunruhe sich meist ebenfalls in dieser Größenordnung bewegt. Bei einer lichtempfindlichen Guidingkamera mit vergleichsweise kleinen Pixeln und Subpixel-Genauigkeit reichen daher bereits Brennweiten von 200–300 mm für die meisten Fälle aus. Dieses Sucherguiding mit lichtstarken, kleinen Optiken hat die langen Sucherfernrohre weitestgehend abgelöst.

Hellfeld- und Dunkelbilder

Spätestens, wenn Sie etwas Erfahrung in der Astrofotografie gesammelt haben, werden Ihnen auch die Bildfehler auffallen, die die Kamera mit einbringt: Schmutz, Rauschen, Vignettierung und defekte Pixel. Um diese Fehler zu beseitigen, sind Referenzaufnahmen nötig, die mit exakt denselben Einstellungen am identischen Aufbau gemacht werden wie die eigentlichen Aufnahmen. Das betrifft nicht nur die Kameraeinstellungen, sondern auch das Teleskop und die Ausrichtung der Kamera am Teleskop.

Dark Frames & Bias

»Dark Frames« oder »Dunkelbilder« sind einfach: Lassen Sie vor der ersten und nach der letzten Aufnahme, bei unveränderten Einstellungen, den Deckel auf dem Objektiv. So erhalten Sie ein Bild, das sämtliche Hotpixel und das Verstärkerglühen sowie das Ausleserauschen zeigt, ebenso wie Aufhellungen durch Streulicht im Kameragehäuse. Wenn Sie eine DSLR verwenden: Verschließen Sie den Sucher, damit kein Licht von hinten auf den Sensor gelangt. Das Rauschen ist temperaturabhängig, im Winter werden Ihnen rauschärmere Aufnahmen gelingen als im Sommer. Daher sollten diese Dunkelbilder für jede Nacht neu erstellt werden oder Sie legen eine Bibliothek mit Dunkelbildern bei verschiedenen Temperaturen an. Auch die Kameraelektronik erhitzt den Sensor mit ihrer Abwärme.

Die meisten Spiegelreflexkameras bieten einen automatischen Dunkelbildabzug an. Dabei macht die Kamera direkt nach der Aufnahme ein weiteres Bild zur Rauschreduzierung. Das ist sehr komfortabel, verdoppelt aber auch für jedes Einzelbild die nötige Zeit. Programme wie DeepSkyStacker können das

Ein Dunkelbild zeigt das Rauschen, das die Kamera in das Bild einbringt.

Dunkelbild automatisch abziehen, daher sollten Sie auf die Kameraautomatik verzichten, sobald Sie ernsthaft mit längeren Belichtungszeiten arbeiten.

Nehmen Sie am besten vor der Aufnahmeserie (bei noch kühlem Sensor) und danach (wenn der Sensor »warm gelaufen« ist) Dunkelbilder auf – bei sehr langen Bildserien ruhig auch zwischendurch. Wenn Sie mehrere Dunkelbilder aufnehmen (2–10), können Sie sie mitteln, um so ein Master-Dark zu erstellen, aus dem das zufällige Rauschen bereits entfernt ist. Nur so bringt das Dunkelbild kein zusätzliches Rauschen in das Endergebnis ein.

Eine besondere Form des Dunkelbilds ist das »Bias«: Es wird mit der kürzestmöglichen Belichtungszeit erstellt, um so allein das Ausleserauschen zu bestimmen. Auch hier sollten Sie 10–20 Stück aufnehmen, ebenfalls bei derselben Temperatur und ISO-Zahl.

Flat Frames

»Flat Frames«, »Flat Fields« oder Hellfeldbilder zeigen, wie gleichmäßig der Sensor ausgeleuchtet wird und wo Staub dunkle Flecken verursacht. So können die unvermeidlichen Abschattungen durch Vignettierung oder Staub herausgerechnet werden. Dazu müssen alle Einstellungen – auch die Fokussierung und die Orientierung der Kamera zum Teleskop – mit den späteren Fotos identisch sein. Die Bilder dürfen weder über- noch unterbelichtet sein. Wählen Sie die Belichtungszeit so, dass das Histogramm in der Mitte sitzt, oder verwenden Sie die Belichtungsautomatik.

Die Vignettierung, die praktisch jedes Objektiv zeigt, das nicht stark abgeblendet wird, macht sich als Helligkeitsabfall zum Bildrand hin bemerkbar. Staubkörner auf dem Sensor zeichnen sich als scharf begrenzte dunkle Flecken ab, während Staub auf den Linsen unscharfe Flecken ergibt. Wenn diese Abschattungen bekannt sind, können sie in der Bildbearbeitung automatisch aufgehellt werden. Auf den Flats sehen Sie auch, ob der Kamerasensor gereinigt werden muss oder noch ausreichend sauber ist.

Um ein Hellfeldbild zu fotografieren, müssen Sie eine gleichmäßig ausgeleuchtete Fläche fotografieren. Solange es noch hell ist, können Sie ein weißes Tuch vor das Objektiv spannen oder ohne Nachführung den Dämmerungshimmel fotografieren. Die Sterne werden durch die fehlende Nachführung ausreichend verschmiert, um nicht zu stören. In einigen Sternwarten hängen aus diesem Grund weiße Quadrate an der Kuppelwand, die vom Tageslicht indirekt beleuchtet werden. Verwenden Sie für die Flats die niedrigste mögliche ISO-Einstellung und belichten Sie so, dass der Berg des Histogramms in der Mitte liegt. Dann sind keine Bereiche über- oder unterbelichtet.

Für perfekte Ergebnisse ohne großen Aufwand können Sie auch eine selbstleuchtende Flatfieldfolie oder -maske verwenden. Diese kosten ihr Geld, dafür müssen sie nur vor das Objektiv gehalten und angeschaltet werden.

Astromodifizierte Kameras

Wohl jeder Astrofotograf hat seine Karriere mit einer normalen Farbkamera begonnen (oder mit Farb-Diafilm, wenn er alt genug ist). Schließlich will man ja bunte Bilder, ohne aufwendig mit Farbfiltern hantieren zu müssen.

Allerdings haben normale Digitalkameras fest verbaute Infrarot- und UV-Sperrfilter. Für den Alltag sind sie nötig, da Objektive nur für sichtbares Licht gerechnet sind. Ein Kamerasensor ist auch für Infrarot und UV empfindlich, dieses würde jedoch nicht scharf abgebildet werden. Daher waren früher UV-Filter vor dem Objektiv sinnvoll – moderne Kameras haben den Filter bereits fest verbaut.

Bei Spezialanwendungen wie der Astrofotografie stört dieser Filter jedoch, da er auch das Licht von fluoreszierendem Wasserstoff blockt. Das tiefrote Leuchten bei 656,28 nm, der H-alpha-Linie, wird von diesen Filtern weitestgehend unterdrückt – rund 80 % dieses Lichts gehen verloren. Ohne den Rotanteil werden Nebel daher grün und blau, bevor sie rot werden – selbst bei sehr langen Belichtungszeiten.

Vor allem für viele Canon-Kameras gibt es die Möglichkeit, den IR-Filter professionell entfernen zu lassen. Wenn ein Ersatzfilter eingebaut wird, funktioniert sogar der Autofokus weiterhin. Prinzipiell kann man sich an so einem Umbau auch selbst versuchen, aber das setzt einiges an Geschick voraus. Die Garantie geht bei so einem Eingriff natürlich auch verloren. Besser ist es, wenn Sie sich an einen der größeren Teleskophändler wenden, die diesen Service ebenfalls anbieten.

Für die normale Fotografie ist die Kamera dann allerdings nur noch eingeschränkt nutzbar, alle Bilder wären extrem rotstichig und erforderten eine manuelle Anpassung des Weißabgleichs. Nur mit einem weiteren UV/IR-Sperrfilter wie dem *Astronomik OWB Clip*-Filter ließe sich die Kamera weiterhin für die Tageslichtfotografie verwenden. Der Filter wird einfach in das Gehäuse eingeklipst und für die Astrofotografie wieder entfernt.

Für den Einstieg in die Astrofotografie benötigen Sie zum Glück keine astromodifizierte DSLR. Galaxien, Sternhaufen und Doppelsterne können Sie genauso gut mit einer normalen Kamera fotografieren. Auch ist nicht jede Kamera gleich rotblind, einige Modelle sind sensibler als andere. Allerdings: Wenn Sie einmal rot sehen wollen – zumindest bei Emissionsnebeln – lohnt sich der Umbau ab dem ersten Bild.

Die Kamerahersteller sind sich der Astrofotografie jedoch bewusst, zumindest bieten sowohl Nikon als auch Canon immer wieder eine Astro-Version einer DSLR an, die eine erhöhte Rotempfindlichkeit aufweist. Sie lassen sich auch für die Tageslichtfotografie einsetzen – ob sich der Aufpreis für Sie lohnt, hängt natürlich davon ab, ob Sie bereits eine Kamera haben, die Sie umbauen lassen können. Die Praxistests haben zumindest bei der EOS 60Da gezeigt, dass eine umgebaute Kamera bessere Astro-Bilder liefert als die Astro-Version von Canon. Bei einem Kameraumbau muss auf die Tageslichtfotografie keine Rücksicht genommen werden, sie kann kompromisslos auf die Astronomie ausgelegt werden.

Der Hantelnebel mit einer unmodifizierten Spiegelreflex (Nikon D50). Das grüne Leuchten von Sauerstoff (O-III) ist deutlich zu sehen, das rote Wasserstoff-Licht (H-alpha) fehlt dagegen komplett.

Dasselbe Motiv mit ähnlichen Kameraeinstellungen, aber einer für Astrofotografie umgebauten Canon EOS. Die Rotanteile des Nebels sind deutlich sichtbar.

Astronomische Farbkameras

Der nächste Schritt nach einer DSLR ist die astronomische CCD-Kamera. Noch vor wenigen Jahren waren CCDs den günstigeren CMOS-Sensoren weit überlegen, mittlerweile haben die preiswerteren CMOS-Kameras mindestens gleichgezogen. Zurzeit findet der Übergang zwischen beiden Techniken statt. Auch in größeren Astro-Kameras werden heute CMOS-Chips verbaut.

Spezielle Kameras für die Astronomie haben einige Vorteile gegenüber einer DSLR, selbst wenn in beiden derselbe Sensor verbaut wurde. Der Verzicht auf den Spiegel (und die Erschütterungen durch den Spiegelschlag) sind dabei noch das Geringste. Viel wichtiger ist, dass die Sensoren gekühlt werden können, entweder mit einem einfachen Lüfter oder sogar mit einer aktiven Kühlung über ein Peltier-Element. So kann die Kamera auf rund 20 Grad unterhalb der Umgebungstemperatur gekühlt werden. Dadurch wird das Rauschen deutlich geringer. Da ein großes Gehäuse zur Verfügung steht, können warme Bauteile auch in größerer Entfernung zum Sensor eingebaut werden. Der Verzicht auf sämtliche unnötigen Filter ermöglicht eine höhere Empfindlichkeit über das gesamte Spektrum und mit der Steuersoftware auf dem PC lassen sich viele Einstellungen einfacher kontrollieren und automatisieren.

Eine Farbkamera ist dabei weniger empfindlich als eine Schwarzweißkamera, hat aber durchaus ihre Berechtigung. Sie sparen sich die aufwendigen Filtersätze, die für farbige Aufnahmen nötig sind, und erhalten sofort Farbaufnahmen. Das ist nicht nur für den Einstieg interessant, sondern auch für solche Kamerasysteme, bei denen kein Filterrad eingebaut werden kann. Zugegeben: Das betrifft vor allem Systeme, die durch ein schweres Filterrad an die Grenzen der Stabilität gebracht werden, oder spezielle Astrographen wie den RASA (Rowe-Ackermann-Schmidt-Astrograph), bei denen die Kamera *vor* dem Teleskop angebracht wird und dementsprechend kompakt sein muss. Der Preis für den Komfort ist eine wesentlich geringere Lichtempfindlichkeit gegenüber einer Schwarzweiß-Kamera, außerdem lassen sich Schmalbandfilter nicht sinnvoll nutzen.

Die Steuersoftware ermöglicht einige Funktionen, die bei einer DSLR nicht zur Verfügung stehen. Zum Beispiel können sie einen Bildausschnitt festlegen, die »Region of Interest« (ROI). So halten Sie die Datenmengen gering, wenn Sie kleine Objekte

Eine gekühlte Astro-Kamera mit CMOS-Sensor hat äußerlich nichts mit einer DSLR gemeinsam. Vorne ist der Sensor zu sehen.
Bild: Atik

fotografieren wollen. Interessanter ist das »Binning«, bei dem benachbarte Pixel zu einem zusammengefasst werden. Das verringert zwar die Auflösung, steigert aber auch die Empfindlichkeit, was bei lichtschwachen oder schnellen Objekten interessant ist. Beim 2 x 2-Binning werden vier Pixel zusammengefasst, beim 3 x 3-Binning 9 und beim 4 x 4-Binning sogar 16. Aufgrund der Bayermatrix ist es aber nur bei wenigen Modellen möglich, da so Farbinformation verloren geht.

Einige – aber nicht alle – dieser Kameras arbeiten auch mit 16 Bit Farbtiefe, was einen größeren Dynamikumfang bedeutet. Statt der 4.096 Rot-, Grün- und Blautöne, die eine normale DSLR mit 12 Bit Farbtiefe darstellen kann, kann eine 16-Bit-Astro-Kamera 65.536 Helligkeitsstufen darstellen. Dadurch kann die Dynamik besser an die Empfindlichkeit der einzelnen Pixel angepasst werden, sodass zarte Details sichtbar werden, ohne dass die hellen Bildbereiche gleich ausbrennen. Die Software für die Bildbearbeitung muss diese Dateien aber auch verarbeiten können.

Da diese Kameras ohnehin über einen Computer gesteuert werden, benötigen sie auch eine eigene Stromquelle. Für die Aktivkühlung wird mehr Strom benötigt als für die eigentliche Bildaufnahme. Im Lauf einer Nacht kann so ein Akku vollständig geleert werden – Sie sollten also nicht alles an Ihre Autobatterie über den Zigarettenanzünder anschließen, sondern ein eigenes Akkupack verwenden. Ein weiterer Stromverbraucher kann die Heizung sein: Das Gehäuse ist durch eine Glasscheibe (das »optische Fenster«) gegen die Umwelt geschützt. Wenn der Sensor abkühlt, würde er sonst sofort mit Tau beschlagen. Trockenmittel und eine Heizung für das optische Fenster verhindern das.

Der Anschluss an den PC erfolgt in der Regel über ein USB-Datenkabel. USB 2.0 ist robuster und kann über längere Entfernungen genutzt werden als das schnellere USB 3. USB-3-Kabel machen gerade an älterer Hardware gerne Probleme, auch darf die Kabellänge 3 m nicht überschreiten. Nur Kabel mit eigener Verstärkerelektronik erlauben längere Strecken.

Der Anschluss an das Teleskop kann über verschiedene Gewinde erfolgen – T-2 und M 48 sind weit verbreitet, je nach Gewicht der Kamera kann es auch weitere Adaptionsmöglichkeiten geben. Einige Kameras verfügen sogar über justierbare Adapter, sodass die Neigung der Kamera exakt an den Strahlengang im Teleskop angepasst werden kann.

Für die Lage des Sensors im Gehäuse gibt es keine Standards, sodass das Auflagemaß individuell berücksichtigt werden muss, wenn Komakorrektoren oder Reducer verwendet werden. Oft genug muss dann mit verschiedenen Zwischenringen oder gar variablen Adaptern der korrekte Abstand eingestellt werden.

Monochrome Kameras und Schmalbandfilter

Wer eine monochrome Kamera einsetzt, arbeitet in der Königsklasse der Astrofotografie. Bei einer Farbkamera sitzt vor jedem Pixel die Bayer-Matrix: Ein Muster aus einem roten, zwei grünen und einem blauen Filter, aus dem die Kamera die Farbinformation bezieht. Bei einem roten Nebel verwertet die Kamera also nur ein Viertel des Lichts, das den Sensor trifft. Monochrome Kameras kommen ohne Bayer-Matrix aus und sammeln das gesamte Licht, das den Sensor trifft. Das Ergebnis ist eine wesentlich höhere Empfindlichkeit bei einem sonst gleichen Sensor – deshalb gibt es die meisten Kameras auch in Farb- und Schwarzweißversionen. Sie unterscheiden sich praktisch nur im Vorhandensein der Bayer-Matrix.

Der Nachteil ist natürlich, dass die Farbinformationen verloren gehen. Um dennoch farbige Bilder zugewinnen, müssen Filter verwendet werden. Durch die freie Wahl dieser Filter sind sie im Vorteil gegenüber Farbkameras. Für klassische Echtfarben-Bilder werden drei Filter benötigt: Ein Satz aus den Farbfiltern rot, grün und blau ermöglicht es, aus drei Aufnahmen ein farbiges Bild anzufertigen. Sehr bewährt hat sich auch, ein zusätzliches Bild mit einem L(Luminanz)-Filter aufzunehmen. Dieser L-Filter lässt genau das Licht der drei Farbfilter durch – aber auf einmal. Damit nutzt man die volle Empfindlichkeit des Schwarzweiß-Sensors ebenso wie die Eigenschaft des menschlichen Auges, Helligkeiten (= Luminanz) wesentlich differenzierter zu sehen als Farben. Mit diesem sogenannten LRGB-Verfahren lässt sich sehr viel Belichtungszeit sparen, da dabei die Qualität der Farbbilder viel weniger relevant ist und diese somit viel kürzer als beim reinen RGB-Verfahren belichtet werden dürfen.

Generell ist die Bildbearbeitung bei Schwarzweißdaten aufwendiger, bietet aber auch mehr Möglichkeiten und ein besseres Rohmaterial.

Schwarzweiß-Kameras unterscheiden sich äußerlich nicht von ihren Farbpendants. Diese Kamera hat jedoch gleich ein Filterrad und einen Off-Axis-Guider mit eingebaut, daher das riesige Gehäuse. Bild: Atik

Die Hubble-Palette bezeichnet Falschfarben, bei denen verschiedene (teils für uns unsichtbare) Wellenlängen bestimmten Farben zugeordnet werden, wie hier beim Adlernebel. Hier steht rot für Schwefel, grün für Wasserstoff und blau für Sauerstoff. Die Hubble-Palette wurde durch die Bilder des Hubble-Weltraumteleskops bekannt, die sie häufig verwendeten.
Bild: NASA, Jeff Hester und Paul Scowen, Arizona State University

Schmalbandfilter

An Farbkameras lassen sich Schmalbandfilter, die nur bestimmte Wellenlängen durchlassen, nicht sinnvoll verwenden. Natürlich können Sie einen Filter verwenden, der nur H-alpha oder O-III durchlässt und so jegliches Streulicht unterdrückt – aber dann nutzen Sie nur das Viertel des Sensors aus, das hinter den entsprechenden Filtern der Bayer-Matrix sitzt.

Bei einer Schwarzweiß-Kamera sammelt dagegen immer der gesamte Sensor das Licht, das zu ihm vordringt. Daher lassen sich verschiedene Filter sinnvoll verwenden. Auf die Spitze getrieben wird das mit der Hubble-Palette, bei der statt der breitbandigen Farbfilter engbandige Filter für H-alpha, O-III und S-II (ionisierten Schwefel) verwendet werden, die zum Linienspektrum der Nebel (siehe Seite 75) passen. Die H-alpha-Linie (565 nm) für Wasserstoff und die Schwefel-Linie (673 nm) liegen nahe beieinander und wären für eine Farbkamera beide rot. Falschfarbenaufnahmen wie das als »Säulen der Schöpfung« bekannt gewordene Bild des Adlernebels oben zeigen dagegen die Verteilung der einzelnen chemischen Elemente im Nebel. Dafür hat die Farbgebung nichts mit dem zu tun, was unser Auge sehen würde.

Die Verwendung solch schmalbandiger Filter (meist mit 8 bis 12 nm Durchlassbreite) ist nicht nur für die Wissenschaft interessant, sondern erlaubt auch Aufnahmen aus lichtverschmutzten Regionen. Auch Amateurastronomen verwenden hier oft nicht die runden Einschraubfilter, sondern größere runde oder quadratische Filter, um Vignettierung zu vermeiden und auch große Sensoren vollständig nutzen zu können.

Filterräder und -schieber

Bei der visuellen Beobachtung wird ein Filter einfach in das Okular geschraubt, genau wie ein einfacher Lichtverschmutzungsfilter in den Okularadapter einer Farbkamera geschraubt wird. Bei Schmalbandfiltern geht das natürlich nicht – sonst müssten Sie nach jedem Filterwechsel Hellfeld- und Dunkelbilder aufnehmen und hätten dann noch das Problem, dass die Kameraposition nicht exakt reproduzierbar ist. Also muss der Filter in den Strahlengang gelangen, ohne die Kamera zu entfernen. Selbst dann muss der Filter perfekt sauber und planoptisch poliert sein, um keine Fehler einzubringen.

Die Lösung sind Filterräder, in die der komplette Filtersatz eingesetzt wird. Sie werden direkt vor die Kamera geschraubt und können manuell, per Kamerasoftware oder per ASCOM-Schnittstelle über den PC gesteuert werden. Die Steuerung per PC hat den Vorteil, dass die Aufnahmereihe automatisiert werden kann. So vergessen Sie den Filterwechsel nicht!

Einige Kameras haben den Filterhalter direkt in das Gehäuse integriert, dementsprechend groß und schwer sind sie. Durch den asymmetrischen Aufbau dürfen Sie auch die Hebelwirkung nicht unterschätzen. Sie belasten den Okularauszug nicht nur mit einigen Kilogramm, das Gewicht ist auch noch ungleich verteilt. Sie benötigen eine stabile Mechanik, um damit arbeiten zu können. Aber wenn Sie schon diesen Aufwand betreiben, lohnt sich die Investition in einen motorisierten Fokussierer, der auch einen Temperaturausgleich bietet.

Filter sollten möglichst nahe an der Kamera montiert werden, damit eventuelle Fehler in Ihrer Oberflächenpolitur nicht so sehr auffallen. Aber auch bei sehr hochwertigen Filtern kann es zu Reflexionen zwischen den Filtern und dem Kamerasensor oder dem optischen Fenster kommen. Ungefasste Filter sollten daher mit der glänzenden Seite zum Objektiv montiert werden. Manchmal muss auch der Abstand zur Kamera verändert werden, damit Reflexionen verschwinden. Bei einigen Kameras gab es Reflexionen an den glänzen-

In einem Filterrad sind die Filter geschützt und können bei Bedarf einfach vor die Kamera geschoben werden – entweder wie hier manuell oder sogar über einen PC gesteuert. Das ist für den automatischen Betrieb sehr praktisch, benötigt aber auch viel Platz.
Bild: Celestron

Ein Filterschieber kommt dann zum Einsatz, wenn für ein Filterrad kein Platz ist. Beim UFC von Baader Planetarium sorgt ein Magnet für eine reproduzierbare Position des Filters. Bild: Baader Planetarium

den Kanten des CCD-Sensors, die über die Filter dann sichtbar wurden – nicht immer sind die Filter an den Bildproblemen Schuld, sondern machen sie erst sichtbar. Störende Reflexionen finden Sie aber auch auf den Bildern der großen Profi-Sternwarten, an denen wissenschaftlich gearbeitet wird.

Die kompakten Filterschieber werden vor allem visuell verwendet, um am Okular ohne zu schrauben schnell zwischen verschiedenen Filtern zu wechseln. Für den fotografischen Einsatz ist ein höherer Aufwand nötig, um sie verwenden zu können. Die UFC-Filterhalter von Baader Planetarium verwenden zum Beispiel Magnete, damit die Filter immer dieselbe Position haben. Sinnvoll sind Filterschubladen fotografisch vor allem dann, wenn Sie z. B. mit Lichtverschmutzungsfiltern (UHC, O-III) an einer Farbkamera arbeiten oder wenn der Aufbau keinen Platz für ein großes Filterrad lässt. Das ist dann der Fall, wenn die Kamera vor dem Teleskop sitzt, also vor allem bei Schmidt-Cassegrain-basierten Systemen mit dem HyperStar-Ansatz von Starizona oder dem RASA von Celestron. Auch wenn Sie das Teleskop sowohl visuell als auch fotografisch nutzen, sind Filterschieber eine praktische Sache.

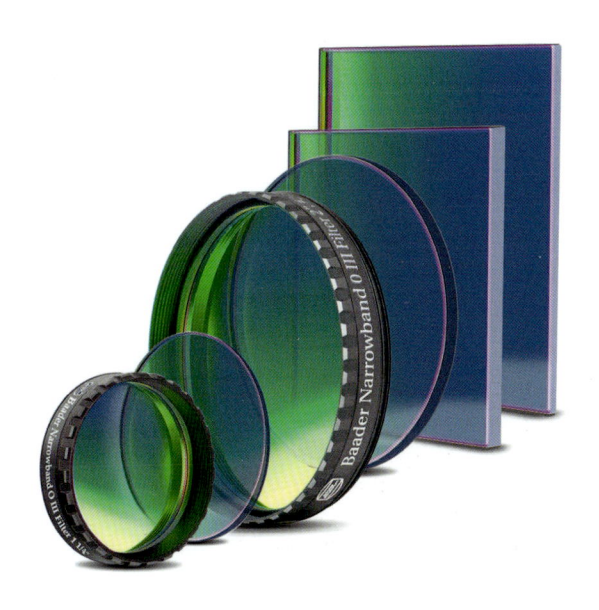

Astronomische Filter gibt es in verschiedenen Formen – vom gefassten 1¼"-Filter bis zum ungefassten 65 x 65-mm-Filter. Bild: Baader Planetarium

Monochrome Kameras und Schmalbandfilter

Atik Infinity & Co. – das Livebild am PC

Bei den Fortschritten der Technik stellt sich die Frage: Wann kann ich endlich das Livebild des Teleskops am Monitor sehen? Solange wir Belichtungszeiten von mehreren Minuten benötigen und mehrere Aufnahmen erst kombiniert und bearbeitet werden müssen, wird das natürlich nichts. Und wenn eines Tages noch ein Instagram-Filter dafür sorgt, dass alle Astrofotos gleich aussehen, verliert das eigene Astrofoto auch seinen Reiz. Nur Sonne und Mond sind hell genug für ein schönes Livebild, schon bei Planeten macht es keinen Spaß mehr.

Aber mit dem Live-Stacking kommen wir schon in die richtige Richtung. Dabei werden die kurzbelichteten Bilder der Kamera direkt nach jeder Aufnahme überlagert und addiert, um das Rauschen zu reduzieren. Das funktioniert, da CMOS-Sensoren kaum Ausleserauschen zeigen. CCD-Sensoren würden so nur Rauschen liefern, bei CMOS ergeben die vielen kurzbelichteten Aufnahmen ein ähnliches Bild wie eine langbelichtete Aufnahme. Rudimentäre Funktionen der Bildbearbeitung können ebenfalls gleich angewendet werden und man kann am Bildschirm mitverfolgen, wie das Rauschen abnimmt und immer schwächere Details und Sterne sichtbar werden. Besonders viel Spaß macht das natürlich mit einer Farbkamera. Vor allem für die Öffentlichkeitsarbeit ist diese Art der Fotografie interessant.

Die erste Kamera, die mit einer Software zum Live-Stacking ausgeliefert wurde, war die Atik Infinity. Als reine Software-Lösung ist dieses Feature mittlerweile auch in Sharpcap (*www.sharpcap.co.uk*) und der Live-Version von DeepSkyStacker (*deepskystacker.free.fr/german/live.htm*) integriert. Voraussetzung ist jeweils eine CMOS-Kamera, die von der Software unterstützt wird. Mit den großen Sensoren einer DSLR sind leider keine Livebilder möglich, da die Kamerahersteller auf proprietäre Protokolle für die Datenübertragung an den PC setzen. Der DeepSkyStacker ist flexibler, da er lediglich den Ordner überwacht, in dem die Bilder abgelegt werden, und die Kamera nicht selbst steuert. Falls Sie Zugriff auf die Bilder Ihrer DSLR haben – z.B. indem die Software zur Steuerung Ihrer Kamera über den Computer sie direkt auf der Festplatte speichert –, können Sie sie so also direkt anzeigen.

Ohne die eigene Nachbearbeitung am PC bleiben diese Aufnahmen natürlich noch ein gutes Stück hinter bearbeiteten Bildern zurück, aber Sie sehen schon, was in den Auf-

Die Atik Infinity ist die erste Kamera, die Live-Stacking unterstützt. Bild: Atik

Schutz für den Laptop: Ein Laptop-Zelt wie das iCap von Astrogarten schützt den Laptop vor Feuchtigkeit und den Beobachter vor Blendlicht. Für die Sonnenfotografie bei Tag wird der Bildschirm so erst ablesbar. Bild: Astrogarten

nahmen steckt. Gerade der Vergleich mit dem bloßen Auge ist eindrucksvoll. Die Software kann auch die Bildfeldrotation ausgleichen, sodass selbst bei einer azimutalen Montierung kurzbelichtete Astrofotos möglich sind – zumindest solange die Belichtungszeiten so kurz sind, dass die Sterne noch rund bleiben. Ein lichtstarkes Teleskop ist hier wie immer von Vorteil, die Anforderungen an Montierung und Nachführung sinken.

Ein Wort zur Elektronik

Je mehr Sie den Computer am Teleskop verwenden, desto mehr sollten Sie sich um ihn Gedanken machen. Die wenigsten elektronischen Bauteile sind für Feuchtigkeit ausgelegt und es versteht sich von selbst, dass Sie keine Netzteile ins feuchte Gras legen sollten. Solange die Elektronik im Betrieb warm wird, ist sie einigermaßen sicher vor kondensierender Feuchtigkeit, aber Sie sollten es nicht provozieren. Ein Laptopzelt ist eine gute Investition. Gleichzeitig schützt es das Teleskop und andere Beobachter vor dem Streulicht des Monitors. Wenn Sie bei Tag die Sonne fotografieren, spendet es auch den notwendigen Schatten, um auf dem Monitor überhaupt etwas erkennen zu können. Schalten Sie den Laptop auch nicht gleich wieder ein, sobald Sie ins warme Haus gehen – genau wie das Teleskop benötigt er etwas Zeit, damit er sich aufwärmen kann und Kondenswasser verdunstet. Lassen Sie beide am besten in einer Tasche, wenn Sie sie in das Haus bringen, damit keine warme, feuchte Luft an das Gerät kommt (es sei denn, beide sind bereits feucht von Tau oder Frost), und öffnen Sie sie erst später, wenn sie an die Raumtemperatur angepasst sind.

Bildbearbeitung

Zunächst die schlechte Nachricht: Ein guter Teil der Astrofotografie geschieht heute am PC und es gibt kein Patentrezept für die Bildbearbeitung. Aber auch hier gilt: Mit schlechten Rohbildern lässt sich kein Blumentopf gewinnen. Wenn Sie Ihr Equipment beherrschen, sollten Sie sich ruhig die Mühe machen und an einen guten, dunklen Standort fahren, damit die Lichtverschmutzung Ihnen nicht die Ergebnisse ruiniert.

Eine ganze Reihe von Programmen zur Bildbearbeitung bieten sich an. Sehr gerne wird *Nebulosity* (*www.stark-labs.com/nebulosity.htm*) empfohlen, das die Aufnahmesteuerung und die ersten Bearbeitungsschritte in einem Programm kombiniert, ohne allzu teuer zu sein. *MaxIm DL* (*diffractionlimited.com/product/maxim-dl*) bietet wesentlich mehr Funktionen, richtet sich aber auch an wesentlich ambitioniertere Fotografen und ist für den Einstieg mit Preisen von 200 bis 600 Euro etwas zu viel des Guten.

Und nun die gute Nachricht: Für etwa die ersten 90 % der Deep-Sky-Bildbearbeitung gibt es ein Kochrezept und dazu benötigen Sie keine teure Software. Ein sinnvoller Einstieg besteht in der Verwendung des kostenlosen Programms *DeepSkyStacker* (*deepskystacker.free.fr*) für Windows oder *Starry Landscape Sta-*

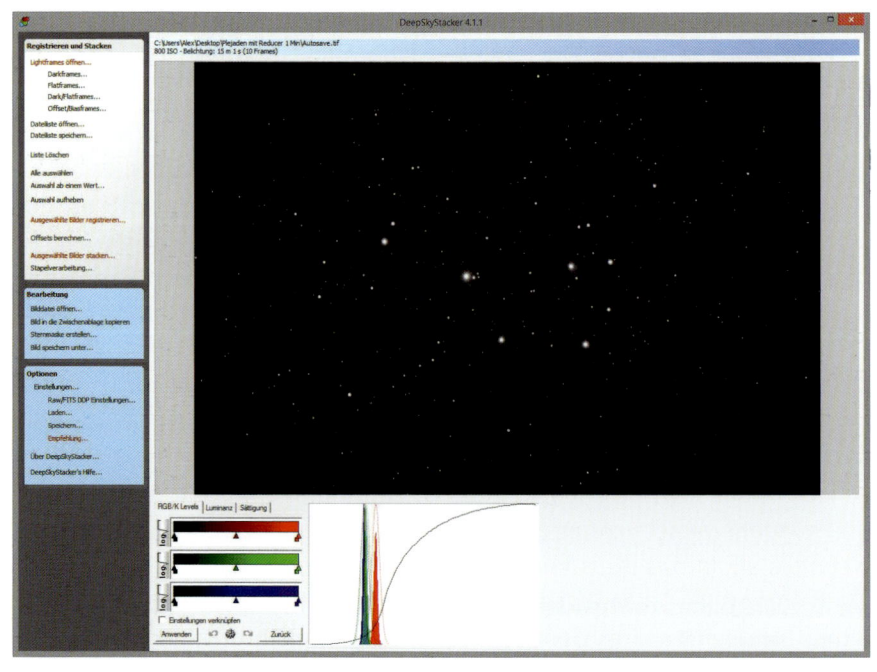

Der DeepSkyStacker leitet Sie durch die ersten Schritte der Bildbearbeitung – wichtige Punkte sind im Menü links rot markiert.

cker (*sites.google.com/site/starrylandscapestacker*) für MacOS sowie einer Bildbearbeitungssoftware. Hier ist Photoshop der Standard, aber Sie können jede Software verwenden, die Tonwertkorrektur und Gradationskurven unterstützt und nicht nur die rudimentärsten Funktionen bietet. Affinity Photo etwa entwickelt sich zu einer leistungsstarken und preiswerten Photoshop-Alternative. Im Idealfall sollten Sie mit Ebenen arbeiten können, um später unterschiedliche Bildserien zu kombinieren.

Schritt für Schritt zum Bild

Der erste Schritt besteht darin, die Einzelaufnahmen aufeinander auszurichten und miteinander zu überlagern. Der Gedanke dahinter ist, das Rauschen zu reduzieren, das in jedem Bild auftritt, aber zufällig verteilt ist. Jedes Bild hat ein eigenes Rauschmuster, während die wirklichen Bildsignale – Ihr Motiv – auf jedem Bild gleich sind. Wenn ausreichend Bilder gemittelt werden, lässt sich das Rauschen gut herausrechnen – umso mehr, wenn auch noch Dunkelbilder vorhanden sind. Prinzipiell können Sie das auch in Photoshop machen: Laden Sie jedes Bild in eine einzelne Ebene, richten Sie die Ebenen aufeinander aus und überblenden Sie sie (das Vorgehen wird gleich noch genauer beschrieben).

Das ist allerdings eine öde Fließbandarbeit, die einem heute die oben genannte Software sehr zuverlässig abnimmt. Sie werden sehr komfortabel durch die wichtigen Schritte geleitet. Dabei wird immer deutlich gezeigt, was auf jeden Fall gemacht werden muss und was optional ist. Ich beschreibe Ihnen das nachfolgend anhand des Windows-Programms DeepSkyStacker, das Vorgehen bei StarryLandscapeStacker ist ähnlich.

Zuerst laden Sie die eigentlichen Bilder mit *Lightframes öffnen*. Markieren Sie alle Aufnahmen, anschließend laden Sie die Darks, Flats und Bias, die Sie hoffentlich aufgenommen haben. Die Bilder für dieses Beispiel entstanden ohne diese Korrekturaufnahmen.

Anschließend wählen Sie die Bilder aus, die gestackt werden sollen. Ich sortiere die Dateien gerne nach der Belichtungszeit: Es gibt immer wieder Aufnahmen, bei denen der Timer gestreikt hat und die deshalb ausscheiden. Dabei sehen Sie auch gleich, ob die Kamera wirklich so lange belichtet, wie Sie eingestellt haben: Wenn ich 30 Sekunden einstelle, belichtet Canon gerne 32 Sekunden lang.

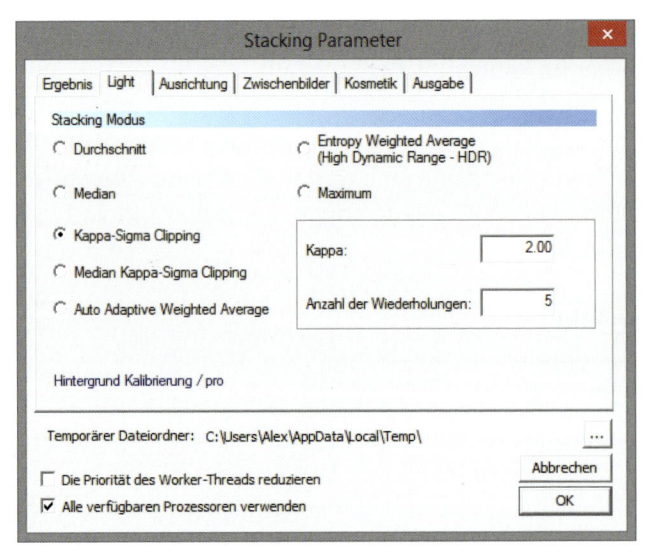

Stacking-Einstellungen für die ersten Schritte mit DeepSkyStacker

Klicken Sie dann auf *Ausgewählte Bilder registrieren* und öffnen Sie in dem Dialog die *Stacking Parameter* – dann können Sie gleich nach dem Registrieren (also dem Analysieren) der Bilder automatisch mit dem Stacken fortfahren. Verwenden Sie für den Anfang bei den Einstellungen für Lights, Darks und Flats jeweils das *Kappa Sigma Clipping* mit fünf Wiederholungen und *Kappa = 2*, dazu *Automatische Ausrichtung*. Die übrigen Einstellungen sind eigentlich selbsterklärend. Anschließend ist der Computer einige Zeit beschäftigt, bis er ein so enttäuschendes Bild ausspuckt wie das auf Seite 127. Es wird als 32-Bit-TIFF im selben Ordner wie die Lightframes unter dem Namen *Autosafe.tif* abgespeichert. Speichern Sie es am besten gleich noch mit einem aussagekräftigen Namen als 16-Bit-TIFF – nicht alle Programme können mit 32-Bit-Dateien umgehen. Um die 32-Bit-Datei in Photoshop zu bearbeiten, müssten Sie sie ohnehin in Photoshop über *Bild -> Modus -> 16 Bit -> Kanal umwandeln* konvertieren und im darauf folgenden Dialog *HDR Tonung* noch *Lichterkomprimierung* auswählen. Prinzipiell können Sie das Bild zwar auch in DeepSkyStacker weiterbearbeiten, aber ein echtes Bildbearbeitungsprogramm ist (noch) effektiver.

Ergebnisse herausarbeiten

Wenn Sie das Bild in 16 Bit umgewandelt und in Ihrer Bildbearbeitung geöffnet haben, sieht es erst einmal noch dunkler aus als im DeepSkyStacker. Keine Sorge: Das ist normal. Die Magie beginnt erst, wenn Sie nun das Histogramm bearbeiten. Aktivieren Sie dabei die Option *Vorschau*, damit Sie die Ergebnisse gleich kontrollieren können.

Das Ergebnis des DeepSkyStacker wirkt in Photoshop & Co noch dunkler als die Einzelaufnahmen.

Zuerst öffnen Sie die Tonwertkorrektur – in Photoshop finden Sie den Befehl unter *Bild -> Korrekturen -> Tonwertkorrektur*. Das Fenster zeigt das Histogramm an, das aufschlüsselt, wie viele Pixel welchen Tonwert haben. Bei einem Schwarzweißbild sind links alle komplett schwarzen, unbelichteten Pixel und rechts alle komplett ausbelichteten, weißen Pixel. Im Idealfall reicht der Berg möglichst weit nach rechts, ohne dort anzustoßen: Dann ist das Bild nirgends überbelichtet. Außerdem macht sich das Bildrauschen eher im linken, dunklen Teil des Fotos bemerkbar; wenn Sie »nach rechts« belichten (das Histogramm also nach rechts verschieben), gehen die eigentlichen Bildinformationen nicht im Rauschen unter. In unserem Fall ist das Histogramm sehr weit links, die Aufnahme der Plejaden hätte deutlich mehr Belichtungszeit vertragen als die 60 Sekunden bei f/6, die hier genutzt wurden – solange die Sterne nicht überbelichtet sind. Die Länge der Belichtungszeit wurde in diesem Fall aber durch die Montierung beschränkt, da kein Autoguider zur Verfügung stand.

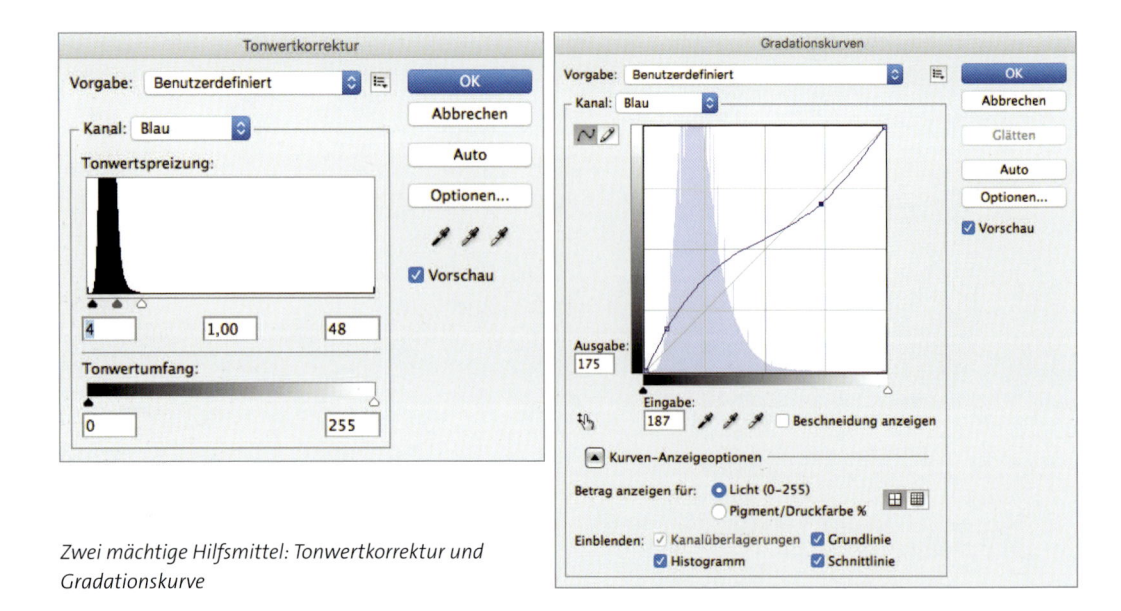

Zwei mächtige Hilfsmittel: Tonwertkorrektur und Gradationskurve

Nun müssen Sie mit den Schiebereglern direkt unter der Gradationskurve den Bereich auswählen, in dem Bilddaten sind. Schieben Sie also den linken Regler (für den Schwarzpunkt) nach rechts, bis er gerade am Histogramm-Berg anstößt, und den rechten (für den Weißpunkt) entsprechend weit nach links. Machen Sie das nicht für RGB gemeinsam, sondern für jeden *Kanal* separat, um die besten Ergebnisse zu erzielen. Die Automatik hilft dabei, denn in der flachen Linie knapp über der Basislinie verstecken sich Sterne, die sonst gerne übersehen werden. Bestätigen Sie dann mit *OK*. Achten Sie darauf, dass Sie den Datenberg nicht anschneiden, sonst verlieren Sie Bildinformationen. Das fällt vor allem links auf: Wenn der Schwarzpunkt den Datenberg berührt, wird der Himmel unnatürlich pechschwarz und Sie verlieren zarte Nebelausläufer.

In einem zweiten Schritt bearbeiten Sie die Gradationskurve. In Photoshop finden Sie sie unter *Bild -> Korrekturen -> Gradationskurve*. In der grafischen Darstellung ist die Tonwertkurve zunächst eine Gerade, die über das Histogramm gelegt ist. Solange sie gerade ist, finden keine Änderungen statt, aber wenn Sie sie anklicken und nach oben oder unten ziehen, werden die entsprechenden Werte verstärkt oder geschwächt. In der Regel packen Sie die Kurve einmal weiter links, um sie nach oben zu schieben und so die dunklen Bereiche aufzuhellen, und senken sie weiter rechts ab, damit die helleren Bereiche nicht ausbrennen. So können Sie mit diesen zwei Punkten für jeden Farbkanal einzeln die optimale Helligkeitsverteilung herausarbeiten und plötzlich offenbart das Bild Details, die Sie vorher nicht einmal erahnt haben.

Die Funktion *Mitteltöne durch Aufnahmen im Bild setzen* versteckt sich hinter der mittleren Pipette unterhalb der Gradationskurve. Sie dient der Farbkali-

Mit etwas Bildbearbeitung werden die Bilddaten sichtbar – und hier auch alles, was mangels Darks und Flats nicht herausgerechnet werden konnte.

brierung. Klicken Sie mit diesem Werkzeug einfach auf einen wirklich dunklen Bereich des Bilds (ohne Sterne und Nebel) und schauen Sie, was passiert.

Zuletzt *können* Sie noch an der Farbsättigung arbeiten. Diese Funktion finden Sie unter Bild -> *Korrekturen*-> *Farbton* -> *Sättigung*. Wenn Sie zufrieden sind: Speichern Sie das Bild in einem verlustfreien Format wie TIFF oder Photoshop (PSD), und bearbeiten Sie es noch einmal, beginnend mit der Tonwertkorrektur. Schritt für Schritt kommen Sie so zum Optimum – Sie müssen nur selbst entscheiden, wann Sie mit der Bearbeitung aufhören müssen. Speichern Sie das Ergebnis dann ein letztes mal als TIFF oder PSD. Nur wenn Sie es weitergeben oder im Internet veröffentlichen wollen, speichern Sie es als JPEG. Durch die JPEG-Kompression wird es wesentlich kleiner, aber Sie verlieren auch Details. Daher sind JPEGs für die Weiterbearbeitung ungeeignet.

Bildmontagen

Sogar in der Astronomie kann es vorkommen, dass Bildteile überbelichtet sind – zum Beispiel bei hellen Sternen und schwachen Nebelausläufern im selben Bild. Der Orionnebel ist ein guter Kandidat dafür. Dann müssen Sie Aufnahmen mit verschiedenen Belichtungszeiten kombinieren.

Bild 1: Bei vier Minuten sind die Ausläufer des Orionnebels zu sehen, sein Zentrum mit den berühmten Trapezsternen ist dagegen schon komplett ausgebrannt.

In diesem Beispiel wurden zwei Aufnahmen bei 600 mm Brennweite mit zwei und vier Minuten Belichtungszeit kombiniert. Nach dem Stacking und der ersten Bearbeitung sind in der länger belichteten Aufnahme die Ausläufer des Nebels bereits schön zu sehen, während das Zentrum mit seinen hellen Sternen schon ausgebrannt ist. In der halb so lang belichteten Aufnahme ist das Zentrum auch schon fast überbelichtet, während vom Nebel nur wenig zu sehen ist.

Bearbeiten Sie die Einzelaufnahmen wie gewohnt und fügen Sie sie dann in Photoshop zu einem Bild zusammen. Dazu legen Sie in einer Photoshop-Datei jedes der beiden Bilder auf eine eigene Ebene. Wenn Sie aus Lightroom heraus arbeiten, markieren Sie dazu die beiden Aufnahmen und wählen *Foto -> Bearbeiten in -> In Photoshop als Ebenen öffnen...* . Ohne Lightroom öffnen Sie die Dateien direkt in Photoshop und kopieren dann die eine Datei in die andere.

Nun liegen beide Bilder in einer Photoshop-Datei in einem kleinen Ebenenstapel, eines über dem anderem wie zwei Folien. Solange die Deckkraft der obersten Ebene auf 100 % steht, sehen Sie nur das oben liegende Bild. Handelt es sich nicht um das dunklere Bild mit dem besser belichteten Zentrum, ziehen Sie die entsprechende Ebene nach oben auf den Stapel.

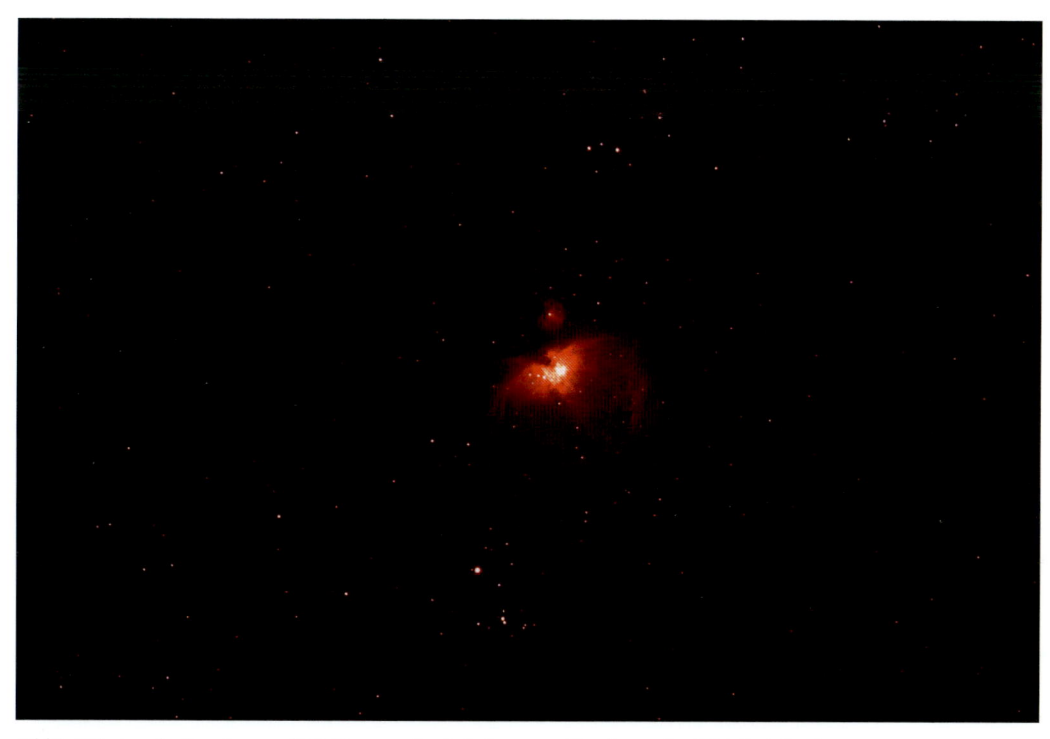

Bild 2: Mit einer halb so langen Belichtungszeit wie beim gegenüberliegenden Bild sind die Sterne im Zentrum des Orionnebels noch erkennbar, die Ausläufer des Nebels verschwinden im Dunkeln.

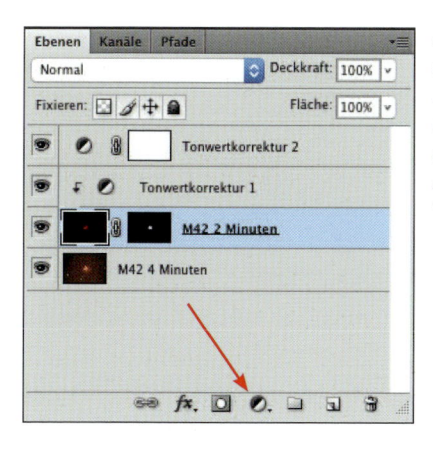

Die Ebenen-Übersicht: In der untersten Ebene das hellere Bild, darüber das dunklere für die Sterne im Zentrum mit der Maske (in der Mitte bearbeitet). Über das Kreissymbol können Sie neue Einstellungsebenen einfügen. Tonwertkorrektur 1 ist mit der oberen Ebene gekoppelt, wirkt also nur auf diese. Tonwertkorrektur 2 betrifft wieder alle Ebenen.

Im nächsten Schritt werden nun beide Bilder »gestackt«, d. h. zu einem Bild zusammengefügt, in das nur die ideal belichteten Partien übernommen werden. Dazu müssen beide Bilder exakt übereinander liegen, was Sie prüfen können, indem Sie den Ebenenmodus *Differenz* einstellen. Zeigt Photoshop Ihnen ein schwarzes Bild, passen beide Ebenen perfekt übereinander. Wenn nicht, können Sie mit dem freien Transformations-Werkzeug (*Bearbeiten -> Frei transformieren*) die oberste Ebene so gegen die untere verschieben, bis beide exakt übereinander liegen (bestätigen Sie zum Abschluss mit der Eingabetaste).

Je ähnlicher die Farben der beiden Bilder sind, desto einfacher haben Sie es nun beim Zusammenfügen. Markieren Sie dann mit einem Auswahlwerkzeug (z. B. dem Lasso) den Bereich in der oberen Ebene, der im fertigen Bild sichtbar sein soll, und erstellen Sie dann eine Ebenenmaske (klicken Sie dazu auf das Ebenenmasken-Icon am unteren Rand der Ebenenpalette – ein Rechteck mit einem Kreis darin). Die Weichheit der Auswahlkante bestimmt den Übergang der beiden Ebenen – steuern Sie diese, indem Sie in die neu erstellte Ebenenmaske doppelklicken und im dann angezeigten Menü den Wert *Weiche Kante* auf > *150px* stellen. Erstellen Sie abschließend auf der obersten Ebene eine neue Einstellungsebene *Tonwertkorrektur* (siehe Pfeil im Screenshot auf der vorigen Seite), um die verbleibenden Helligkeitsunterschiede der beiden Ebenen anzupassen. Klicken Sie mit gedrückter Alt -Taste auf die Linie zwischen beiden Ebenen, damit die Einstellungsebene nur auf diese Ebene wirkt (d. h. Sie erstellen eine sogenannte »Schnittmaske«). Nun müssen Sie etwas mit den Reglern im *Eigenschaften*-Tab der Tonwertkorrektur herumprobieren, bis Sie mit dem Ergebnis zufrieden sind.

Im Beispiel-Screenshot auf Seite 131 ist zuoberst noch eine weitere Tonwertkorrektur-Einstellungsebene eingefügt, die auf das gesamte Bild wirkt.

Das Ergebnis der beiden Bilder: Die Randbereiche zeigen den Nebel und das Zentrum ist nicht völlig überbelichtet.

Es gibt kein Richtig und kein Falsch

Bei aller Bildbearbeitung gilt: Es gibt kein Patentrezept, da es kein richtig oder falsch gibt. Wir sehen die Himmelsobjekte nur in Schwarzweiß, also kann kein Farbfoto einen naturgetreuen Anblick bieten. Letztlich muss es Ihnen gefallen. Wenn Sie amerikanische und europäische Deep-Sky-Bilder vergleichen, werden Sie rasch merken, dass amerikanische Bilder eher zu kräftigen Farben neigen.

Wenn Sie Bilder zu sehr manipulieren – indem Sie großflächig Staubflecken durch den Kopierstempel entfernen (und dabei zahlreiche neue Sterne in das Bild einfügen) oder verschiedene Bilder zusammenkopieren, sollten Sie das in der Bildbeschreibung aber angeben. Es ist ein Unterschied, ob Sie nur vorhandene Bilddetails hervorheben oder neue Elemente einfügen.

Im Lauf der Zeit werden Sie Ihren eigenen Stil entwickeln und sich von den Kochrezepten entfernen. Hier kann nur ein erster Überblick gegeben werden, wie Sie die ersten 90 % der Bildbearbeitung meistern. Für den Rest benötigen Sie Übung und Experimentierfreude.

Viel Spaß und viel Erfolg!

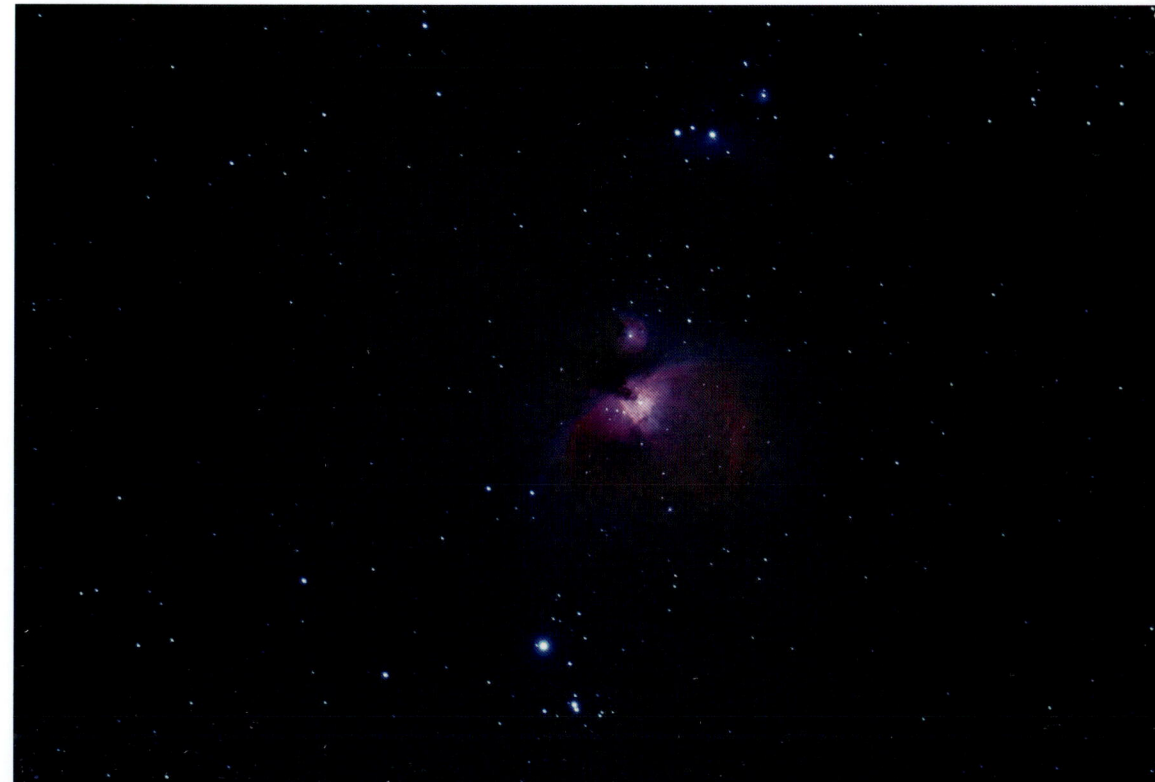

Dasselbe Bild, aber mit anderen Einstellungen bearbeitet und deutlich blauer. Was gefällt Ihnen besser?

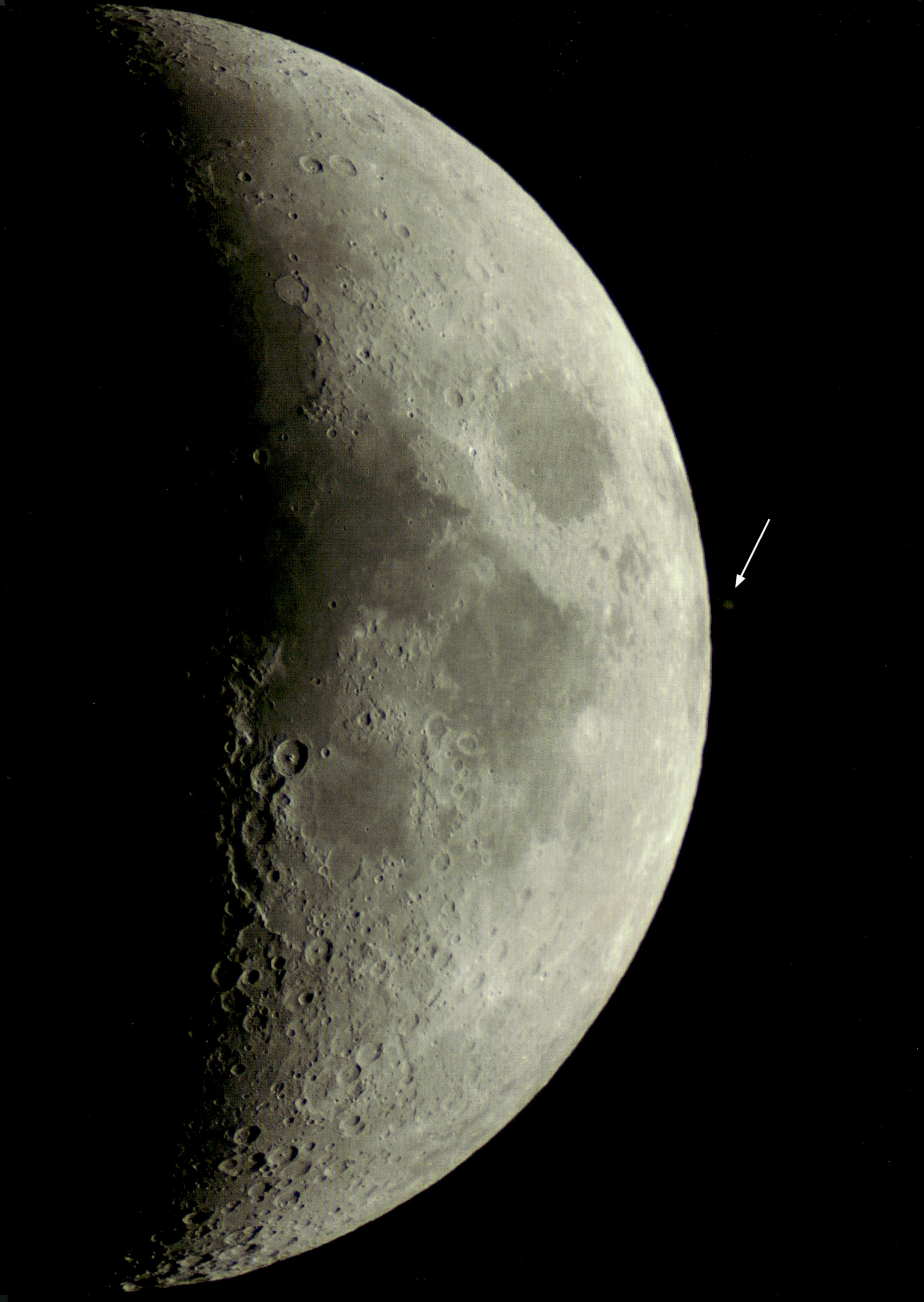

Kapitel 4

Planetenfotografie mit Videomodulen

Während Deep-Sky-Fotografie lange Belichtungszeiten und große Sensoren erfordert, geht es bei der Planetenfotografie darum, schnell kurzbelichtete Aufnahmen zu gewinnen. Statt zu einer DSLR wird hier zu Videomodulen gegriffen: Planeten sind winzig. Sehen Sie den kleinen Saturn neben dem Mond im Bild auf der linken Seite?

Saturnbedeckung durch den Mond, 22. Mai 2007, Nikon D50 an 150/2250mm-Refraktor (f/15), Einzelbild. 1/10s, 200ISO

Lucky Imaging

Planetenfotografie steht unter dem Motto: Die Menge macht's (daher die Bezeichnung »Lucky Imaging« – unter tausend Aufnahmen halten mit etwas Glück einige die Momente mit perfekt ruhiger Luft fest). Bei der Fotografie von lichtschwachen Deep-Sky-Objekten haben wir lange Belichtungszeiten, um möglichst viele Photonen einzusammeln. Feine Details verschwimmen durch die Luftunruhe, sodass die Auflösung des Teleskops nicht ausgenutzt werden kann. Die Bilder sind somit »Seeing-begrenzt«.

Bei der Fotografie von Mond und Planeten steht dagegen ausreichend Licht für kurze Belichtungszeiten zur Verfügung, bei der Sonne müssen sogar starke Filter verwendet werden. Dadurch kann die Luftunruhe zumindest bei der Sonnenfotografie praktisch eingefroren werden – dazu sind Belichtungszeiten unter einer Tausendstel Sekunde nötig. Da Planeten auch bei hoher Vergrößerung winzig bleiben, genügt ein winziger Sensor. Eine DSLR würde riesige Datenmengen erzeugen – sehen Sie sich einmal das Bild von Saturn neben dem Mond auf Seite 134 an! Ein kleines Videomodul liefert eine wesentlich höhere Bildrate. Statt Einzelbildern wird also ein Film aufgenommen.

Daher wurde schon früh mit Webcams experimentiert. Heute gibt es die ersten brauchbaren Astro-Kameras samt Adapter an den 1,25"-Anschluss des Teleskops bereits ab rund 100 Euro, sodass niemand für die ersten Schritte mehr basteln muss. Die günstigsten Modelle sind im Prinzip immer noch nur einfache Webcams mit besserer Software. Teurere Modelle sind rauschärmer, empfindlicher und dank USB 3 auch schneller. Sie basieren auf Industriekameras, die höherwertige Elektronik liefert ein besseres Rauschverhalten. Allen Kameras ist gemein, dass sie auf einen Laptop mit ausreichend Speicherplatz angewiesen sind. Ein kurzes Video wird schnell mehrere Gigabyte groß.

Die Aufnahmesoftware der Kameras bietet dabei einige Möglichkeiten mehr als bei einer normalen Webcam zur Verfügung stehen. Dabei müssen Sie

Eine Planetenkamera, der UV/IR-Sperrfilter wird einfach in die 1,25"-Steckhülse eingeschraubt.

Ein Atmospheric Dispersion Corrector, kurz ADC, besteht aus zwei gegeneinander beweglichen Prismen und gleicht die Farbaufspaltung durch die Erdatmosphäre aus.
Bild: Astroshop

auch auf den Video-Codec achten: Als Standard ist oft ein Schwarzweiß-Format eingestellt und nicht jede Software kann jedes Videoformat verarbeiten. Machen Sie also ein paar Probeaufnahmen bei Tag. Für Schwarzweiß ist Y800 ein gängiger Codec, für RGB entweder I420/IYUV oder ein RGB-Codec.

Ein Problem bei der Planetenfotografie ist die hohe Vergrößerung in Kombination mit der Bahn der Planeten. In den Jahren um 2020 stehen die Planeten von Mitteleuropa aus recht tief über dem Horizont, sodass die Beobachtungsbedingungen nicht optimal sind. Um eine hohe Vergrößerung ausreizen zu können, muss die Luftunruhe mitspielen – und je niedriger ein Planet steht, desto mehr Luftschichten muss sein Licht passieren. Vor allem das kurzwellige blaue Licht ist davon betroffen und wird abgelenkt, während rotes Licht die Atmosphäre eher unbeschadet übersteht. Falls Ihnen Schwarzweiß-Fotos genügen, können Sie daher einen Rotfilter vor die Kamera setzen.

Ein anderes Problem ist die generelle Lichtbrechung in der Atmosphäre, die »Refraktion«. Unsere Lufthülle wirkt wie eine einfache Linse, sodass ein Planet oder der Mond unter Umständen an einer Seite einen blauen und an der anderen Seite einen roten Farbsaum hat. Dadurch gehen natürlich Details verloren. Hier müssen Sie entweder warten, bis der Himmelskörper wieder höher steht, oder Sie verwenden einen ADC. Die Abkürzung steht für »Atmospheric Dispersion Corrector«. Dabei handelt es sich um zwei Prismen, die gegeneinander verkippt werden können, um so den Farbfehler unserer Atmosphäre auszugleichen. Diese Optiken kosten in den einfachsten Versionen rund 150 Euro und lohnen sich, wenn Sie es mit der Planetenfotografie ernst meinen. Für die ersten Versuche benötigen Sie sie nicht. Nehmen Sie sich lieber etwas Zeit, um die Planeten dann zu fotografieren, wenn sie in einer ruhigen Nacht hoch im Süden stehen, und probieren Sie aus, ob Ihnen diese Art der Bildaufnahme und -bearbeitung überhaupt Spaß macht.

Brennweite, Öffnungsverhältnis und Kamera

Wenn Sie hochauflösende Planetenbilder erstellen wollen, müssen Sie Kamera und Teleskop aufeinander abstimmen. Das bedeutet in der Praxis, dass eine große Öffnung viele Details liefern kann und dass das Öffnungsverhältnis sich aus der Pixelgröße der Kamera ergibt.

Als Richtwert gilt für Schwarzweißkameras:

$$\text{Öffnungszahl} = \text{Pixelgröße [µm]} \times 3{,}5$$

Und für Farbkameras:

$$\text{Öffnungszahl} = \text{Pixelgröße [µm]} \times 5$$

Für eine Farbkamera mit 4 µm großen Pixeln ergibt sich also eine Öffnungszahl von 5 × 4 = 20. Das Auflösungsvermögen des Teleskops wird somit bei f/20 am besten ausgenutzt. Eine vergleichbare Schwarzweißkamera arbeitet am besten bei f/14 (3,5 × 4 = 14). Eine Kamera mit kleineren Pixeln ist weniger lichtempfindlich, kann dafür aber auch an lichtstärkeren Teleskopen betrieben werden. Bei größeren Optiken können Sie für mehr Reserven auch übervergrößern. Projektive wie der Baader FFC ermöglichen Verlängerungsfaktoren bis 8× – liegen aber preislich weit über dem Einsteigersegment.

Da Ihr Teleskop wahrscheinlich kein so langsames Öffnungsverhältnis hat, müssen Sie seine Brennweite mit einer Barlowlinse verlängern. Die meisten Barlows bieten Verlängerungen von 2× oder 3×, einige auch ungewöhnlichere Faktoren wie 2,25×. Die angegebene Vergrößerung gilt dabei nur, wenn die Kamera am Übergang von der Barlow zum Kameragehäuse sitzt, was bei den meisten Planetenkameras in guter Näherung zutrifft. Ein längerer Abstand erhöht auch die Vergrößerung, gleichzeitig wird das Bild dunkler.

Falls Sie eine noch stärkere Brennweitenverlängerung als etwa 3× benötigen, können Sie auch zur Okularprojektion greifen. Hier gilt dieselbe Formel wie für die Okularprojektion mit einer DSLR:

$$f_{\text{Äquivalenz}} = f_{\text{Teleskop}} \times ((a/f_{\text{Okular}})-1)$$

mit f_{Teleskop} = Brennweite des Teleskops, f_{Okular} = Brennweite des Okulars und a = Abstand zwischen Sensor und Okular inkl. 55 mm T-2-Auflagemaß. In der Regel

Ein Videomodul mit Barlowlinse im Okularauszug

werden Sie so extreme Verlängerungen aber nicht benötigen. Die modernen Videomodule haben immer kleinere Pixel – zum Teil arbeiten Sie schon bei etwa f/10 im Optimum.

Auch hier haben die CMOS-Kameras mittlerweile zu den theoretisch besseren CCD-Kameras aufgeschlossen. Der »Rolling Shutter«, also der »rollende« Verschluss einer Kamera, bei dem der Sensor von oben nach unten belichtet wird, ist dem »Global Shutter« teurerer Kameras eigentlich unterlegen: Bei einem »globalen Verschluss« wird der gesamte Sensor auf einmal belichtet, es gibt also keinerlei zeitlichen Versatz zwischen den einzelnen Bildzeilen, Bildverzerrungen entfallen. Wenn die Belichtungszeit schneller ist als die Luftunruhe, stört das aber nicht mehr.

Auch bei der Planetenfotografie stellt sich die Frage: Farbe oder Schwarzweiß? Gerade für den Einstieg können Sie bedenkenlos zur Farbkamera greifen: Das erleichtert sowohl die Bildverarbeitung als auch die Bildaufnahme. Mit einem Filterrad können Sie die Filter zwar rasch tauschen, aber bei der Planetenfotografie kommt es auf die Geschwindigkeit an. Bei Jupiter macht sich die schnelle Rotation bereits nach zwei Minuten bemerkbar und die Bilder können nicht mehr überlagert werden (oder nur mit hohem Aufwand und Software wie *Winjupos*). Greifen Sie also ruhig zu einer Farbkamera, wenn Sie nicht gleich Spezialgebiete wie die Fotografie der Venusatmosphäre im ultravioletten Licht anstreben.

Der Griff zur Schwarzweißkamera mit Filterrad ermöglicht wesentlich kontrastreichere Bilder und lohnt sich, wenn Sie die Technik einmal beherrschen. Für den Einstieg liefert eine Farbkamera schneller schöne Ergebnisse.

Auch höhere Bittiefen als 8 Bit (meist 10 oder 12 Bit) lohnen sich trotz des höheren Dynamikumfangs nicht für den Einstieg: Die höhere Bittiefe bedeutet wesentlich größere Datenmengen und man erreicht sie durch das Stacking automatisch. Mit USB 3 sind sie prinzipiell beherrschbar, aber gerade Laptops liefern oft nicht die maximale Datenübertragung. Dazu kommt, dass der höhere Dynamikumfang verloren geht, wenn Sie bei der Aufnahme den »Gain« (die Verstärkung/Empfindlichkeit) hoch drehen, um möglichst kurze Belichtungszeiten und somit scharfe Bilder zu erreichen.

Die Videomodule sind natürlich nicht auf die Planeten beschränkt, sondern können auch Details des Monds oder (mit geeigneten Filtern) der Sonne zeigen. Nur für die Fotografie von Sonne und Mond als Ganzes sind sie ungeeignet: Bei den kleinen Sensorgrößen müssten Sie sich auf Brennweiten von rund 200 mm beschränken und dann fehlen wiederum die Details.

Mit der Okularprojektion lassen sich extrem hohe Vergrößerungen erzielen, vor allem wenn der Abstand zum Okular durch Verlängerungshülsen erhöht wird. Meist genügt aber eine Barlowlinse.

Brennweite, Öffnungsverhältnis und Kamera

Sonnenfotografie

Sonne (und Mond) können sowohl mit einer DSLR als auch einem Videomodul fotografiert werden. Beide passen bei etwa 2000 mm Brennweite (Vollformat) bzw. 1300 mm Brennweite (APS-C) bildfüllend auf den Kamerasensor. Das hat den Reiz, dass Sie sich bei der Bildbearbeitung normalerweise auf Tonwert- und Gradationsänderungen und Scharfzeichnen mit der Unschärfe-Maskierung (in Photoshop) beschränken können – schließlich arbeiten Sie nicht mit der maximalen Auflösung Ihres Teleskops. Außerdem können Sie denselben OD5-Sonnenfilter verwenden, den Sie auch für die visuelle Sonnenbeobachtung verwenden.

Nur wenn Sie noch mehr Details erfassen wollen, um einzelne Sonnenflecken herauszuarbeiten, lohnt sich das Überlagern zahlreicher Einzelaufnahmen. Wenn Sie die Brennweite Ihres Teleskops an die Kamera anpassen und bei f/20 oder f/30 arbeiten, wird das Bild selbst bei der Sonne dunkel. Sie benötigen also einen schwächeren Filter, eventuell kombiniert mit zusätzlichen Graufiltern.

Neben der Sonnenfilterfolie mit einer optischen Dichte von OD5 gibt es auch eine fotografische Version mit OD3,8, die speziell für diese Videomodule bei langsamen Öffnungsverhältnissen gedacht ist. **Auf keinen Fall dürfen Sie sie visuell einsetzen: Das Bild ist viel zu hell und die Folie lässt auch UV durch.** Bei einem Videomodul sollten Sie für bessere Schärfe daher auch einen UV/IR-Sperrfilter verwenden, falls er nicht bereits in die Kamera eingebaut ist. **Auch wenn Sie diese Brennweiten z. B. mit Okularprojektion und einer DSLR erreichen wollen, dürfen Sie keinesfalls durch den Kamerasucher schauen – verwenden Sie nur den Live-View.** Viele Spiegelreflexkameras haben eine Möglichkeit, den Sucher zu verschließen (Abdeckklappe oder eingebauter Verschluss), um vor Streulicht bei Langzeitbelichtungen zu schützen – benutzen Sie sie unbedingt.

Wenn Sie länger beobachten, kann sich die Fassung des Objektivfilters erwärmen und die Folie gerät unter Spannung. Dadurch bricht der Kontrast ein

Beim Anschluss einer DSLR an einen Herschelkeil muss meist der Okularstutzen entfernt werden.

und das Bild wird matschig. Die ASTF-Sonnenfilter von Baader Planetarium haben daher eine temperaturkompensierende Fassung, in der die Folie schwimmend gelagert ist.

Denken Sie auch immer daran, den Sucher des Teleskops bei der Sonnenbeobachtung abzudecken, oder bauen Sie ihn ganz ab!

Bei hohen Brennweiten ist ein Herschelkeil der Filterfolie überlegen und nur wenige Glasfilter kommen ihm in der Qualität gleich. Leider lässt sich ein Herschelkeil nur am Refraktor verwenden und hat eine lange Baulänge. Um mit einer DSLR in den Fokus zu kommen, muss daher unter Umständen sein Okularstutzen entfernt werden, sodass die Kamera mit den nötigen Adaptern direkt an den Herschelkeil geschraubt werden kann.

Bei einem Videomodul ist die Fokuslage normalerweise kein Problem, solange Sie mit einem Okular ein scharfes Bild sehen können. Bei sehr langsamen Öffnungsverhältnissen muss hier der in den Herschelkeil eingebaute OD3-Graufilter durch einen schwächeren Filter ersetzt werden. Die Barlow-Linse wird hinter dem Herschelkeil eingebaut.

Das Ziel sind Belichtungszeiten von unter 1/1000 Sekunde, um die Luftunruhe einzufrieren. So zeigen die einzelnen Aufnahmen die meisten Details. Schauen Sie sich das Bild auf Seite 87 noch einmal an. Lichtempfindliche Schwarzweißkameras sind an Sonne und Mond klar im Vorteil, da es ohnehin kaum Farbinformationen gibt.

Ein Folien-Sonnenfilter vor dem Objektiv bietet Schutz. Die ASTF-Filterfassungen von Baader Planetarium sind temperaturkompensierend, damit die Folie auch bei langen Beobachtungszeiten nicht unter Spannung gerät und der Kontrast nicht einbricht.

H-alpha-Fotografie

Für die H-alpha-Fotografie der Chromosphäre benötigen Sie ein spezielles H-alpha-Teleskop. Nur diese speziellen Teleskope zeigen die Gasausbrüche am Sonnenrand. Bei einfachen Modellen wie dem Coronado PST kann die H-alpha-Linie nur etwa für die Hälfte der Sonnenscheibe eingestellt werden. Visuell stört das nicht, aber fotografisch bedeutet es, dass Sie eventuell ein Mosaik aus zwei Aufnahmen zusammensetzen müssen.

Größere und teurere Modelle bilden die gesamte Sonnenscheibe im H-alpha-Licht ab. Und wenn Sie schon so viel Geld in ein H-alpha-Teleskop investieren, sollten Sie sich auch eine Schwarzweißkamera gönnen. Da die H-alpha-Linie im tiefroten Bereich des Spektrums liegt, bleiben bei einer Farbkamera drei Viertel des Sensors ungenutzt. Eine Schwarzweißkamera erlaubt wesentlich kürzere Belichtungszeiten und Sie können die Bilder immer noch später in Photoshop rot einfärben.

Die Videoaufnahme

Um ein Video aufzunehmen, können Sie entweder die Software des Herstellers verwenden oder eine spezielle Software wie *Firecapture* (*firecapture.de*). Letztere entstand, da es noch keine brauchbare Aufnahmesoftware gab, als die ersten Webcams für die Astronomie zweckentfremdet wurden – heute bietet sie zahlreiche Funktionen, die kommerzieller Software fehlen, wie Autoguiding auf den Planeten oder benutzerdefinierte Voreinstellungen. Wenn Ihre Kamera als Planetenkamera verkauft wird, liegt in der Regel eine brauchbare Software für die reine Aufnahme bei.

Das Teleskop können Sie wie gewohnt verwenden, Autoguiding ist nicht notwendig. Bei den kurzen Belichtungszeiten genügt sogar eine azimutale Montierung, lediglich eine Nachführung muss vorhanden sein. Stellen Sie sie für die Planeten auf Sterngeschwindigkeit. Für Sonne und Mond gibt es eigene Geschwindigkeiten. Diese sollten Sie verwenden, damit Krater oder Sonnenflecken nicht aus dem Bild laufen. Ganz perfekt ist das aber auch nicht, da sich die beiden Himmelskörper auch in Deklination bewegen.

Wenn Sie bei Ihren ersten Versuchen bei Tag das richtige Dateiformat gefunden haben und die Technik läuft, richten Sie das Teleskop auf einen hellen Planeten und zentrieren ihn bei hoher Vergrößerung im Okular. Sonst finden Sie ihn im kleinen Bildfeld der Kamera nicht mehr. Nun heißt es, das Okular durch die Kamera zu ersetzen und gefühlvoll zu fokussieren. Fangen Sie mit einer Belichtungszeit von etwa 1/10 s und mittlerem Gain (wird auch »Verstärkung« oder »Gewinn« genannt) an. Wenn das Bild zu unscharf ist, erkennen Sie den Planeten überhaupt nicht. Erst wenn Sie sich dem Schärfepunkt nähern, wird sein aufgeblähtes Bild so klein, dass Sie ihn erkennen können. Wenn Sie über das Bild am Laptop die optimale Schärfe erreicht haben, können Sie im Prinzip loslegen. Den richtigen Fokus zu finden ist nicht ganz trivial: Bei langen Brennweiten tanzt das Bild durch die Luftunruhe und wenn Sie den Fokussierer betätigen, kann das Fernrohr selbst wackeln. Bei Schmidt-Cassegrains und Maksutows kann das Bild sogar springen, da mit dem Hauptspiegel fokussiert wird. Hier sollten Sie zuletzt auch immer »schiebend« fokussieren (Fokussierknopf gegen den Uhrzeigersinn drehen), damit der Hauptspiegel dieselbe Lage hat wie zu dem Zeitpunkt, als Sie das Teleskop zuletzt justiert hatten.

Wenn Sie öfter Planeten fotografieren wollen, lohnt es sich vor der ersten Aufnahme, kurz ein Okular einzusetzen und es so weit herauszuziehen, bis Sie ein scharfes Bild sehen. Markieren Sie dann den Schärfepunkt am Okular, z. B. mit einem Ring aus Isolierband. Die Edellösung ist ein Stellring, der an der Steckhülse des Okulars befestigt wird, damit es dieselbe Fokuslage hat wie die Kamera. So sollten Sie den Planeten immer scharf sehen, sobald Sie vom Okular zur Kamera wechseln. Alternativ ist auch ein Klappspiegel oder ein Okularrevolver eine Option, dann können Sie mit einem Dreh zwischen Okular und Kamera wechseln. Sobald Sie den Planeten scharf auf dem Monitor sehen, geht es an die Einstellungen. Sie erreichen mit einem Videomodul am Planeten keine so kurze Belichtungszeit, dass Sie die Luftunruhe einfrieren können, also können Sie so viel Licht sammeln, dass das Bild ausreichend belichtet ist. Der Planet sollte sich deutlich vom Himmelshintergrund abheben, ohne überbelichtet zu sein. Im Idealfall zeigt die Software auch ein Histogramm an, sodass Sie die Belichtung beurteilen können. Bleiben Sie mit dem Gain unter 70 %, damit das Bildrauschen nicht überhandnimmt. Die Belichtungszeiten liegen dann bei etwa 1/10 bis 1/100 Sekunden.

Mit Farbbalance und Sättigung können Sie versuchen, eine möglichst natürliche Farbwiedergabe zu erzielen. Die Bildhelligkeit ist nur die Nachverstärkung und kann auf dem Standardwert bleiben, für Gamma sind Werte unter 50 % ratsam. Die Bildfrequenz hängt von der Belichtungszeit ab; für hohe Werte ist auch eine stabile USB-3-Datenübertragung nötig. Bei USB 2 sollten Sie sie niedriger ansetzen, damit der Computer hinterherkommt. Falls Sie mit einer alten Webcam experimentieren: Bei Bildraten über 10 Frames pro Sekunde kann die Kamera die Daten automatisch komprimieren, was Sie unbedingt vermeiden sollten. Auch eine Tonspur ist überflüssig und verbraucht nur Bandbreite.

Nehmen Sie ein Video mit 1000–2000 Bildern auf. Vor allem bei Jupiter und Mars sollte es nicht länger als 1,5-2 Minuten sein, da die Rotation des Planeten sich sonst schon bemerkbar macht. Sehen Sie sich das Video dann an: Hat es Aussetzer? Dann müssen Sie die Bildrate herabsetzen.

Nehmen Sie mehrere kurze Videos auf und überprüfen Sie immer wieder die Schärfe. Experimentieren Sie auch mit den Werten und notieren Sie die Einstellungen jeder Sequenz. So können Sie herausfinden, was für Ihre Kamera optimal funktioniert.

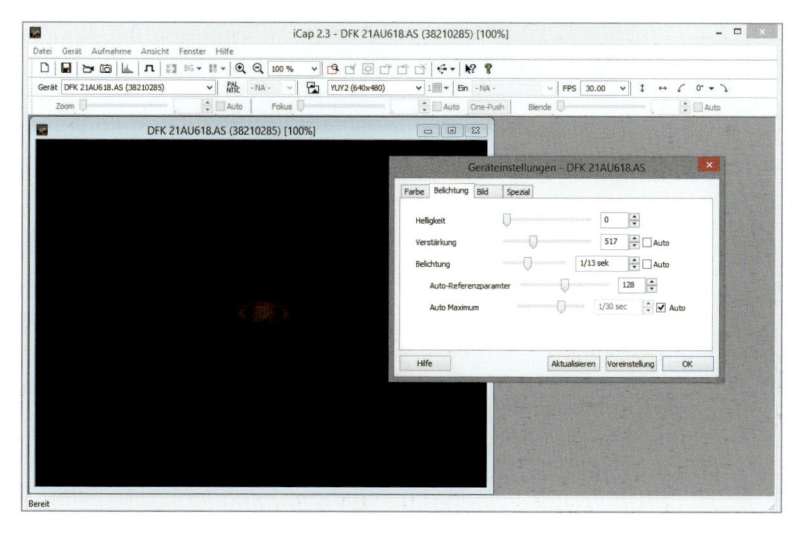

Belichtungszeit und Verstärkung sind die wichtigsten Einstellmöglichkeiten, hier in der ICap-Software der Celestron NexImage-Kameras.

Bildbearbeitung

Sobald Sie ein gutes Rohvideo erstellt haben, kann es an die Bildbearbeitung gehen. Seien Sie nicht entsetzt, wenn die Einzelframes unscharf und verrauscht aussehen – das ist für Videos normal. Deshalb haben Sie ja auch so viele Bilder aufgenommen.

Das gängigste Programm für die Bildbearbeitung ist mittlerweile *Registax* (*astronomie.be/registax*). Aber bevor es so weit ist, müssen Sie die Bilder noch nach Qualität sortieren und stacken. Das können Sie entweder gleich in Registax machen oder Sie verwenden *Autostakkert* (*autostakkert.com*). Letzteres ist ein kleines, spezialisiertes Programm, das nicht nur eine intuitivere Oberfläche hat als Registax, sondern oft auch bessere Ergebnisse liefert. Probieren Sie ruhig aus, welches von beiden Ihnen mehr zusagt.

Für das Stacking müssen Sie nur festlegen, wie viele Bilder und welche Referenzpunkte (»Alignment Points«) verwendet werden. Bei Planeten genügen wenige Punkte, während für bildfüllende Aufnahmen der Sonnen- oder Mondoberfläche mehrere Referenzpunkte nötig sind. Hier versagt die Automatik auch gerne, sodass Sie selbst Hand anlegen müssen. Sowohl Registax als auch Autostakkert leiten Sie durch den Prozess, Sie müssen nur ein wenig mit den Parametern spielen. Das Ergebnis speichern Sie dann als verlustfreies TIFF-Bild.

Wenn Sie ein Farbbild aufgenommen haben, können Sie es gleich weiterverarbeiten. Bei Schwarzweißaufnahmen mit Farbfilter kombinieren Sie die

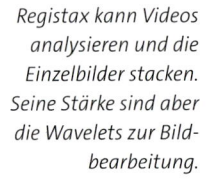

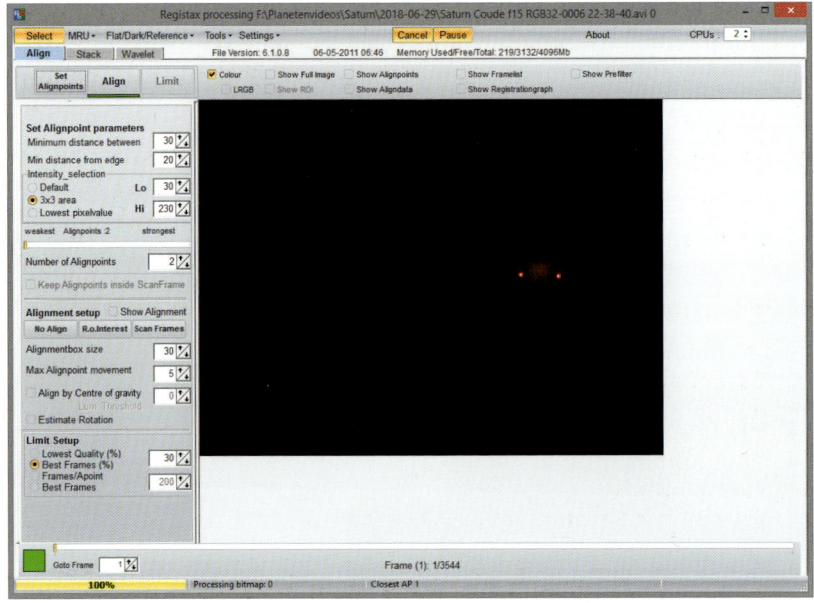

Registax kann Videos analysieren und die Einzelbilder stacken. Seine Stärke sind aber die Wavelets zur Bildbearbeitung.

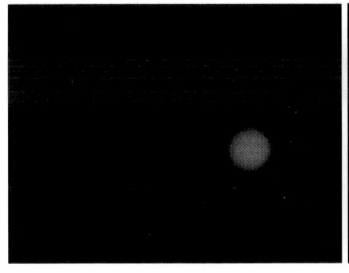

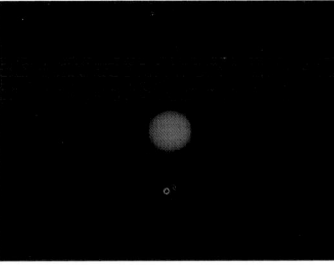

Rohbild, Stacking-Ergebnis und bearbeitetes Bild am Beispiel von Jupiter. Durch die Bearbeitung wurden auch Artefakte am Bildrand sichtbar, die aber leicht abgeschnitten werden können.

Bilder der einzelnen Farbkanäle in Winjupos, das auch die Rotation des Planeten (in Grenzen) ausgleichen kann.

Das fertige Zwischenbild erscheint noch etwas unscharf und muss geschärft werden. Bei Deep-Sky-Bildern gibt es dafür den Filter *Unscharfe Maskierung* in Photoshop. Am Planeten können Sie in Registax wesentlich feiner arbeiten. Öffnen Sie dazu das TIFF-Bild und gehen Sie auf den Tab *Wavelets*. Hier gibt es sechs Wavelet-Regler. Der 1:1-Filter ist für die feinsten Details zuständig, der 1:6-Filter für die gröbsten. Hier gibt es leider keine Faustregel, Sie müssen ausprobieren, was an Ihrem Bild funktioniert. Wenn nach etlichen Versuchen nichts dabei heraus kommt: Schließen Sie das Programm und probieren Sie es am nächsten Tag noch einmal. Achten Sie auch darauf, dass Sie die Bilder nicht zu sehr bearbeiten, ansonsten können leicht Artefakte entstehen. Die Grenzen zwischen real, ansehnlich und übermäßig bearbeitet sind schnell überschritten.

Der Feinschliff erfolgt dann wieder in Photoshop (siehe Seite 128): Passen Sie noch das Histogramm ein wenig an, damit Tonwert und Gradation passen.

Die Planetenfotografie ist in gewisser Hinsicht das genaue Gegenteil der Deep-Sky-Fotografie: Die eigentliche Bildaufnahme ist schnell erledigt und einfach, sobald Sie einmal korrekt fokussiert und belichtet haben. Die Bearbeitung erfordert dagegen einiges mehr an Zeit, da es mit den Wavelets sehr feine Einstellmöglichkeiten gibt – aber auch viele Möglichkeiten, es zu übertreiben.

Das Einzelbild von Saturn (links) und das gestackte Bild lassen nicht erahnen, was über die Wavelet-Filter noch aus der Aufnahme herausgeholt werden kann.

Bildbearbeitung

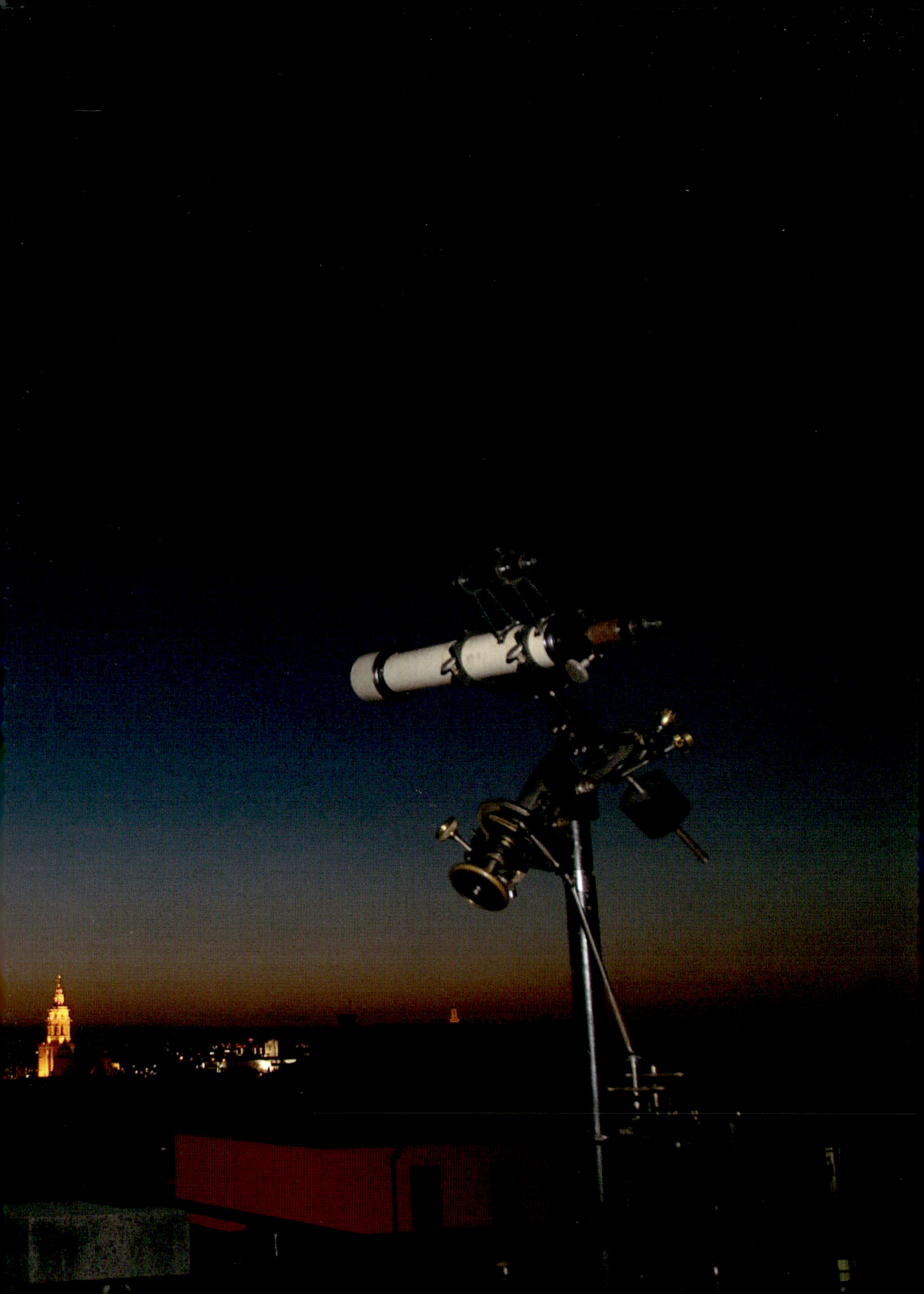

Kapitel 5

Tipps zum Teleskopkauf

Der Teleskopmarkt ist groß, aber wenn Sie ernsthaft fotografieren wollen, schränken sich die Optionen gleich deutlich ein. Mit etwas Vorsicht bei der Auswahl können Sie einige Fallstricke vermeiden. Falls eine Sternwarte in Ihrer Nähe ist, müssen Sie nicht einmal unbedingt alles selbst kaufen!

Ein gutes Teleskop ist eine langlebige Anschaffung – wenn Sie sich richtig entscheiden, kann es Sie jahrzehntelang begleiten (im Bild das alte Hauptteleskop der Heilbronner Sternwarte – ein Refraktor von Tremel in München, Baujahr um 1930 – auf einer Montierung von Butenschön in Hamburg um 1950).

Die richtige Montierung

Das wichtigste Zubehör für die Astrofotografie ist nicht etwa Kamera oder Teleskop, sondern die Montierung. Kameras wechseln im Lauf der Jahre und für den Einstieg genügt jede einigermaßen aktuelle DSLR. Ein Teleskop ist wie ein Teleobjektiv und es ist gut möglich, dass Sie im Lauf der Jahre mehrere Teleskope mit verschiedenen Brennweiten anschaffen – vielleicht auch Spezialisten für Fotografie und für visuelle Beobachtung. Aber eine gute Montierung mit ausreichend Tragkraft, die auch noch genau genug nachführt, ist die Basis von allem. Wenn sie unterdimensioniert ist, ist Ihr Einstieg in die Astrofotografie von vornherein zum Scheitern verurteilt.

Eine *azimutale* Montierung, die das Teleskop nur rechts/links und auf/ab bewegen kann, ist nur für die Planetenfotografie mit ihren sehr kurzen Belichtungszeiten geeignet. Diese Montierungsform ist zwar ideal für die visuelle Beobachtung, da die Montierung sehr schnell aufgebaut ist, aber bei längeren Belichtungszeiten kommt es zur Bildfeldrotation: Da die Kamera immer dieselbe Orientierung zum Horizont behält, selbst wenn der Stern in der Bildmitte perfekt nachgeführt wird, drehen sich die weiter entfernten Sterne um diesen Stern. Das Ergebnis wäre eine Strichspuraufnahme, nur dass sich die Sterne nicht um den Polarstern drehen, sondern um ihr Ziel (das sich selbst natürlich auch dreht).

Für die Fotografie von Deep-Sky-Objekten benötigen Sie eine parallaktische Montierung (links). Azimutale Montierungen (rechts) sind ideal für visuelle Beobachtung, lassen sich ohne weiteres Zubehör aber nur für die Planetenfotografie benutzen.
Bild: Celestron

Für die Astrofotografie mit langen Belichtungszeiten benötigen Sie auf jeden Fall eine *parallaktische* Montierung – also eine, bei der eine Achse parallel zur Erdachse steht. Es ist zwar auch möglich, ein vorhandenes gabelmontiertes Teleskop mit einer Polhöhenwiege parallaktisch aufzustellen, aber das ist in erster Linie für stationäre Aufbauten in einer Sternwarte interessant. Vor allem im mobilen Betrieb handeln Sie sich dabei mehr Probleme ein, als wenn Sie gleich zu einer parallaktischen Montierung greifen. Außerdem ist eine stabile Gabelmontierung plus Polhöhenwiege nicht günstiger als eine vergleichbare parallaktische Montierung.

Ein erster Hinweis auf die Tauglichkeit zur Fotografie ist ein Polsucher: Die vielen kleinen Einsteiger-Montierungen ohne Polsucher lassen sich nicht exakt einnorden und taugen mit etwas Glück für visuelle Beobachtungen, aber kaum für die Fotografie. Bei größeren Montierungen, die für den stationären Einsatz vorgesehen sind oder über Software-Routinen zum Einnorden verfügen, fehlt er aber auch oft.

Die Traglast ist die wichtigste Kennzahl, die auch in den Datenblättern angegeben wird. Es gibt aber keine normierte Messmethode, um die Traglast einer Montierung zu bestimmen. Sie hängt auch nicht nur vom Gesamtgewicht, sondern vor allem auch vom Hebel ab. Ein leichter, langer Refraktor ist schwingungsanfälliger als ein schwereres, aber kompakteres Schmidt-Cassegrain. Die Traglastangaben beziehen sich oft genug auf eine Kombination, die für die visuelle Beobachtung gerade noch geht. Als Richtwert können Sie für die Fotografie etwa zwei Drittel der angegebenen Nutzlast annehmen. Die Gegengewichte werden dabei nicht einbezogen, aber vergessen Sie das Gewicht von Kamera, Adaptern und Leitrohr nicht! Die Webseite *montidatenbank.de* gibt einen Überblick über erprobte Kombinationen.

Eine Montierung kann in der Traglast gar nicht überdimensioniert sein. Es schadet nichts, wenn Sie auf eine große Sternwartenmontierung nur ein Teleobjektiv setzen, solange Sie es ausbalancieren können. Wahrscheinlich werden Sie sich den Luxus einer stationären Montierung in der eigenen Sternwarte aber nicht leisten können. Dann müssen Sie auch die Transportfähigkeit der Montierung berücksichtigen. Eine Sky-Watcher EQ5 oder Celestron AVX ist schön handlich, eine EQ6 oder CGEM ist schon grenzwertig: Man kann sie zwar problemlos über eine kurze Strecke tragen, aber die Motivation sinkt mit jedem Kilogramm. Schließlich müssen noch Teleskop, Stativ, Gegengewichte, Kamera, Stromversorgung und anderes Zubehör transportiert werden. Eine leichte, transportable Montierung wird häufiger eingesetzt.

Eine Computersteuerung ist heute bei fototauglichen Montierungen Standard. Das GoTo ist zwar nicht notwendig, aber Sie werden kaum eine Montierung mit Autoguider-Anschluss finden, die keine Computersteuerung hat. Und ganz offen: Es ist sehr praktisch, wenn Sie an einem hellen Stern fokussieren können und das Teleskop das eigentliche Ziel dann automatisch anfährt.

Zahnriemenantriebe kommen langsam auf den Markt, sind aber noch eher teureren Montierungen vorbehalten. Ihr großer Vorteil ist, dass sie schneller auf Korrekturbefehle reagieren und das Getriebespiel an Bedeutung verliert. Montierungen mit klassischem Antrieb sollten eine Funktion zum Ausgleich des Spiels bieten: Dabei dreht der Motor kurz schneller, bis das Spiel überwunden ist.

Die Nachführgenauigkeit ist heute nicht mehr so wichtig wie früher, da die Montierungen ohnehin darauf ausgelegt sind, mit einem Autoguider benutzt zu werden. Nach einer halben bis zwei Minuten zeigt sich bei den meisten bezahlbaren Montierungen der Schneckenfehler. Viel wichtiger ist, dass sie gleichmäßig läuft: Ein Autoguider kann auch einen großen Schneckenfehler leicht ausgleichen, solange es keine Sprünge gibt, sondern die Montierung sanft und gleichmäßig läuft.

Wie gut eine Montierung nachführt, können Sie leicht selbst herausfinden. Nehmen Sie bei geringer ISO ein Bild mit fünf bis zehn Minuten Belichtungszeit auf und lassen Sie die Rektaszensionsachse mit doppelter oder dreifacher Geschwindigkeit laufen. Dadurch wird im Idealfall eine komplette Schneckenradumdrehung erfasst und der Stern beschreibt eine mehr oder weniger wellenförmige Strichspur, verursacht vom Schneckenfehler. Über die Auflösung der Kamera pro Pixel lässt sich die Abweichung in Bogensekunden ermitteln. Einfacher ist es natürlich, wenn Sie bereits einen Autoguider verwenden. Dann können Sie sich in den Log-Dateien einfach anschauen, wie oft und wie stark der Guider korrigieren musste.

Stromversorgung

Die Stromversorgung dürfen Sie nicht unterschätzen. Selbst wenn Sie eine Steckdose an Ihrem Beobachtungsplatz haben: Viele günstige Netzteile liefern bei Kälte weniger Spannung als angegeben, worauf die Montierungselektronik gerne mit erratischem Verhalten reagiert. Für alle Elektronik-Laien: Ein Netzteil darf ruhig mehr Ampere liefern als nötig – das ist die Stromstärke, die bereitgestellt wird. Wenn die Montierung weniger abruft, ist das kein Problem. Die Spannung in Volt sollte jedoch eingehalten werden: Überspannung zerstört die Elektronik, während sie bei Unterspannung unzuverlässig läuft.

Für den mobilen Einsatz ist eine Akku-Lösung nötig. Weit verbreitet sind günstige Blei-Gel-Akkus, also letztlich Autobatterien. Viele basteln sich daraus eine eigene, preiswerte Stromversorgung, aber es gibt auch fertige Power-Tanks, die gleich eine 12V-Zigarettenanzünderbuchse besitzen. Schauen Sie dafür ruhig nicht nur im Astro-Fachhandel, sondern auch bei Ihrem KFZ-Händler: Wahrscheinlich hat er ein preiswerteres Angebot.

Der Nachteil eines solchen günstigen Akkus ist, dass er gepflegt werden muss. Etwa einmal im Monat sollten Sie ihn aufladen, sonst entlädt er sich mit der Zeit selbst. Wahrscheinlich ist er also leer, wenn Sie ihn brauchen. Ein tiefentladener Akku ist auch nicht mehr zu retten und wird nie wieder seine volle Leistung erreichen.

Eine bessere, aber in der Anschaffung teurere Alternative sind mittlerweile $LiFePO_4$-Akkus. Sie sind kompakter, leichter und entladen sich vor allem nicht von selbst. Sie können sie also wirklich geladen in den Schrank stellen und drei Monate später spontan Ihr Teleskop aufbauen. Da sie auch mehr Ladezyklen aushalten, rechnet sich die Investition langfristig.

Bleiakkus (links) sieht man ihre Herkunft von der Autobatterie an. $LiFePO_4$-Powertanks sind kompakter, leichter und beständiger. Bild: Celestron

Stativ

Ein Stativ gehört zum Lieferumfang der meisten Montierungen. Lassen Sie die Finger von Stativen aus Aluminium-Vierkantrohren: Man kann auch aus Aluminium stabile, leichte Stative machen, aber die im Einsteigerbereich üblichen Konstruktionen aus Vierkantrohren sind wackliger Schrott. Wirklich fototaugliche Montierungen werden in der Regel mit Stahlrohrstativen geliefert. Sie sind schwer, aber stabil. Fahren Sie die Beine nicht ganz aus und vermeiden Sie die größte angebotene Kombination aus Fernrohr und Montierung, dann können Sie damit in der Regel schon gut arbeiten.

Der größte Schwachpunkt vieler Stative ist der Übergang von den Beinen zum Stativkopf. Auch große Stative verwinden sich hier gerne. Manchmal hilft es, wenn Sie die Schrauben fester anziehen oder größere Unterlegscheiben verwenden.

Trotzdem bietet der Fachhandel auch eine Reihe alternativer Stative an. Sehr beliebt sind Holzstative, da dieses Material Schwingungen besser schluckt und auch in einer kalten Nacht ohne Handschuhe angefasst werden kann. Vor allem die Berlebach-Serien Uni und Planet sind mit Adaptern für verschiedene Montierungen erhältlich. Bei der Gelegenheit können Sie auch eine große Ablageplatte für Zubehör dazu nehmen, die Ihnen einen Tisch erspart.

Metalldornen an den Stativbeinen graben sich besser in weiche Erde, während Gummifüße empfindliche Holz- oder Terrassenböden besser schützen. Schwingungsdämpfer können je nach Untergrund hilfreich sein. Sie werden unter die Stativbeine gelegt und sind entweder teuer im Astro-Fachhandel erhältlich oder preiswerter im Elektronikmarkt als Zubehör für Waschmaschinen und Trockner.

Auch eine Stahl- und Aluminium-Konstruktion kann eine Alternative sein. Eine Kombination aus Metallrohren und gebogenen Trägern kann gleichzeitig leicht und stabil sein. Aber wundern Sie sich nicht, wenn das Stativ mehr kostet als Ihre erste Montierung.

Teleskoptechnik

Das Schöne an einer parallaktischen Montierung ist, dass Sie verschiedene Teleskope darauf verwenden können. Der Anschluss erfolgt über eine Schwalbenschwanzschiene. Kleinere Teleskope verwenden eine 44 mm breite Schiene nach Vixen-GP-Standard, schwerere die größere 3"-Losmandy-Schiene.

Auch wenn Fotografie und visuelle Beobachtung unterschiedliche Ansprüche stellen, sind die meisten Geräte universell ausgelegt, gehen also Kompromisse ein.

Refraktoren

Refraktoren sind die klassischen Linsenteleskope. Da hier ein Glasobjektiv das Licht bricht (und zwar jede Farbe anders), gibt es einen Farbfehler: Helle Sterne sind von einem deutlichen Blausaum umgeben. Bei klassischen zweilinsigen Achromaten nach Fraunhofer wurde die Brennweite so lang gewählt, dass er nicht mehr stört. Mit Öffnungsverhältnissen von f/11, f/15 oder noch langsamer sind diese Geräte fotografisch uninteressant, darüber hinaus sind sie sehr lang und belasten die Montierung somit stark.

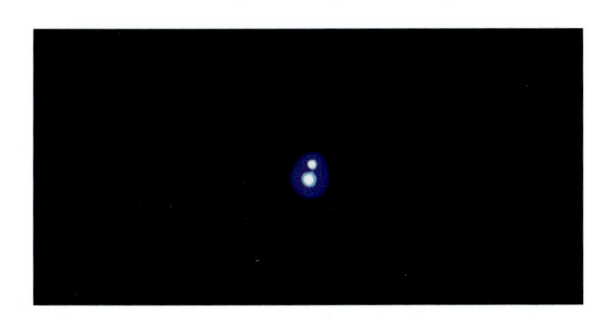

Achromatische Objektive zeigen rund um helle Sterne einen Blausaum – dem Bild fehlt somit Schärfe.

Als »Achromat« werden auch schnelle, zweilinsige Linsenfernrohre bezeichnet, die recht preiswert zu bekommen sind. Durch ihren Farbfehler sind sie fotografisch uninteressant, es sind rein visuelle Weitfeld-Geräte.

Farbreine Linsenteleskope heißen »Apochromate« und sind teuer. Recht bezahlbar und von guter Qualität sind ED-Apos, bei denen eine ED-Linse (ED = Extralow Dispersion) verwendet wird. Der »Volks-Apo« ED80/600 mit f/7.5 brachte Anfang dieses Jahrhunderts farbreine Linsenteleskope in bezahlbare Preisregionen. Echte Apochromaten, die auf drei Farben korrigiert und noch brillanter sind, verwenden Objektive aus drei oder mehr Linsen und sind dementsprechend teuer. Aber Vorsicht: Auch wenn »Apo« auf dem Gerät steht – mit falschen Gläsern oder einer unbrauchbaren Linsenfassung liefert auch ein Apo ein schlechtes Bild.

Achten Sie beim Kauf auch darauf, ob es einen passenden Bildfeldebner/Reducer für das Gerät gibt. Er verkürzt die Brennweite und gleicht Bildfehler an den Rändern aus.

Newton-Spiegelteleskope

Viele Sternfreunde fangen mit einem Spiegelteleskop nach Newton an, da diese Geräte günstiger herzustellen sind als Linsenteleskope und für dasselbe Geld mehr Öffnung bieten. Ein Newton mit f/6 ist ein guter Allrounder, f/5 legt den Schwerpunkt auf die Fotografie und Geräte mit f/4 sind reine Fotomaschinen. Hüten Sie sich vor kompakten Spiegelteleskopen mit f/10, die ebenfalls als Newton angepriesen werden: Es handelt sich um katadioptrische Newtons, bei denen noch eine Korrektorlinse verbaut ist. Das ist ein anspruchsvolles Design, das nur mit hohem technischen Aufwand beherrschbar ist. Verbaut wird es jedoch in Einsteigerteleskopen mit billiger Mechanik. Zum Glück gibt es diese Geräte nicht mit 2"-Okularauszug, sodass der Kamera-Anschluss ohnehin entfällt.

Echte Newtons bieten ein hervorragendes Preis-Leistungsverhältnis, haben aber auch ihre Fallstricke. Die Fokuslage von Okularen und einer DSLR ist unterschiedlich, da bei einer DSLR der Sensor tief im Gehäuse sitzt und die Kamera daher wesentlich näher an das Teleskop muss. Um einen Newton visuell und fotografisch nutzen zu können, wird daher für den visuellen Einsatz oft eine Verlängerungshülse verbaut, die für die Kamera entfernt werden muss – beim Refraktor übernimmt der Zenitspiegel die Aufgabe dieser Verlängerungshülse. Ohne Verlängerung müsste der Okularauszug so weit eingefahren werden, dass er den halben Hauptspiegel verdeckt (Bild Seite 92). Andere Modelle haben gleich einen speziellen, flachbauenden T-Adapter integriert. Eigentlich eine

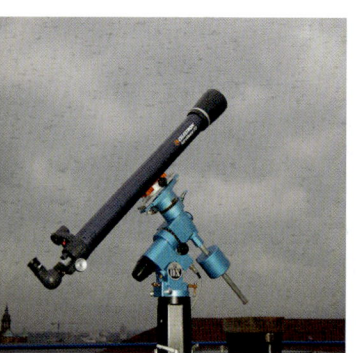

Refraktor, Newton oder Schmidt-Cassegrain – welches Teleskop Sie auf eine Montierung setzen, ist eigentlich egal. Jedes hat seine Stärken und Schwächen.

gute Idee, nur lässt sich dann kein Komakorrektor mehr einsetzen, der einen 2"-Anschluss voraussetzt.

Ein weiterer Nachteil ist, dass die Größe des Fangspiegels auf die Fokuslage angepasst wird. Ein visuell optimierter Newton kommt mit einem kleineren Fangspiegel aus und liefert somit einen besseren Kontrast als ein fotografisches Gerät mit großem Fangspiegel. Daher lassen sich auch viele Newtons mit Dobson-Montierug nicht fotografisch nutzen: Sie haben idealerweise einen kleinen Fangspiegel und einen flachbauenden Okularauszug, sodass ein Kamerasensor weder voll ausgeleuchtet wird noch überhaupt in den Fokus kommt. Die eierlegende Wollmilchsau gibt es nicht, auch wenn die f/6-Newtons einen guten Kompromiss darstellen können. Wichtig ist noch ein ausreichend stabiler Tubus – er wiegt zwar mehr, aber bei manchen Geräten geht der Spar-Wahn der Hersteller so weit, dass der Tubus sich unter dem Eigengewicht verbiegt, was natürlich zu Lasten der Abbildungsqualität geht.

Ein guter Newton macht Spaß, aber er will regelmäßig justiert werden. In der Praxis muss vor allem die Justage des Hauptspiegels regelmäßig überprüft werden. Dazu dienen drei Paare aus Druck- und Klemmschrauben am hinteren Tubusende. Das ist kein Hexenwerk und mit etwas Übung eine Sache von wenigen Minuten, aber es kostet zunächst etwas Überwindung, am Teleskop herumzuschrauben.

Typisch für den Newton sind die Spikes, die durch die Fangspiegelhalterung entstehen. Je dicker die Streben dieser »Spinne« sind, desto auffälliger sind die Strahlen um helle Sterne. Das kann ein erwünschter Effekt sein, es gibt aber auch teurere Konstruktionen mit dünnen, gebogenen Streben, um die Spikes zu unterdrücken.

Bei der Anschaffung eines Newtons mit f/4 oder f/5 müssen Sie noch das Geld für einen Koma-Korrektor einplanen. Er wird in einem bestimmten Abstand vor Kamera oder Okular gesetzt und beseitigt den Komafehler, der die Sterne am Bildrand zu Kometen verzerrt.

Zuletzt noch ein Tipp: Der Okularauszug zeigt mal nach oben und mal nach unten, wenn Sie das Teleskop auf einer parallaktischen Montierung schwenken. Bei der visuellen Nutzung beobachten Sie am besten erst die Objekte auf einer Seite des Himmels und dann die auf der anderen. So müssen Sie den Tubus nur einmal in seinen Rohrschellen drehen. Fotografisch montieren Sie den Tubus möglichst so, dass die Kamera auf die Rektaszensionsachse zeigt. Dann wandert der Schwerpunkt näher an die Montierung.

Schmidt-Cassegrains

Das Schmidt-Cassegrain ist der bekannteste Vertreter von katadioptrischen Teleskopen, bei denen eine große Front-Korrektorlinse mit einem Haupt- und einem Fangspiegel kombiniert wird. Maksutow-Cassegrains haben eine ähnliche Konstruktion und unterscheiden sich vor allem im Aufbau der Korrektorlinse. So sind sehr kompakte Geräte mit großer Öffnung und Brennweite möglich, die bei gleicher Öffnung preislich zwischen Newtons und Refraktoren liegen. Mit Öffnungsverhältnissen von etwa f/10 sind sie vor allem für die Planetenfotografie interessant – die besten Planetenfotografen verwenden Schmidt-Cassegrains, da diese Geräte durch die große Öffnung eine hohe Auflösung ermöglichen, ohne eine extrem große Montierung zu benötigen. Eine Besonderheit ist die Hauptspiegel-Fokussierung: Zum Scharfstellen wird der Hauptspiegel bewegt, wobei er minimal, aber sichtbar verkippen kann. Planetenfotografen verwenden für die Feinarbeit daher gerne einen Mikrofokussierer, der an das Teleskop geschraubt wird.

Deep-Sky-Fotografie mit f/10 und langen Brennweiten ist jedoch nichts für Einsteiger – hier muss die Nachführung perfekt laufen und die Belichtungszeiten sind lang. Mit einem passenden Reducer ist ein Öffnungsverhältnis von etwa f/7 möglich, was fotografisch schon interessanter ist.

Das Prinzip von Hyperstar und Rowe-Ackermann Schmidt-Astrograph:
Die Kamera sitzt vor dem Teleskop.
Bild: Celestron

Klassische Schmidt-Cassegrains sind für visuelle Beobachtung und Planetenfotografie schöne Geräte, zeigen aber eine Bildfeldwölbung, die an den modernen, großen Kamerasensoren auffällt. Daher entwickelte Celestron das EdgeHD und Meade das ACF (Advanced Coma-Free). Beides sind Abwandlungen des Schmidt-Cassegrain, die für die Fotografie optimiert wurden. Das ACF korrigiert dabei die Koma, das EdgeHD Koma und Bildfeldkrümmung. Der Preis dafür ist, dass der Abstand der Kamera zum Teleskop eingehalten werden muss und die Kamera nicht einfach nur angeschlossen und fokussiert werden kann. Für die EdgeHD mit ihrem ebenen Bildfeld gibt es auch spezielle, vollformatgeeignete 0,7 x-Reducer.

Eine Besonderheit der Geräte von Celestron ist, dass der Fangspiegel durch den (nicht gerade günstigen) Hyperstar-Korrektor von Starizona ersetzt werden kann. Dann wird die Kamera vor dem Teleskop montiert, das dann auf einmal mit etwa f/2 arbeitet. Bei diesem Öffnungsverhältnis sind die Belichtungszeiten so kurz, dass Nachführfehler kein Problem mehr sind. Voraussetzung ist eine kompakte Kamera bis etwa APS-C-Format.

Eine besondere Weiterentwicklung des Schmidt-Cassegrains ist der Rowe-Ackermann Schmidt-Astrograph (RASA) von Celestron. Hier kann überhaupt kein Okular mehr angeschlossen werden, der RASA ist letztlich ein Teleobjektiv, bei dem die Kamera *vor* der Optik angebracht wird. Da das Okular entfällt, können die größeren Modelle auch mit Vollformatsensoren genutzt werden und liefern mit Farbkameras beeindruckende Weitfeldaufnahmen.

Der Okularauszug

Ein 2"-Okularauszug ist für die Astrofotografie Pflicht, kleinere Modelle vignettieren zu sehr. Bei schnellen Teleskopen können sich auch noch größere Modelle (2,5" oder 3") lohnen, da das Auszugsrohr ansonsten den Strahlengang im Teleskop beschneiden kann. Achten Sie auf einen robusten, spielfreien Okularauszug, der das Gewicht der Kamera auch trägt. Eine 1:10-Untersetzung erleichtert das Fokussieren deutlich. Ein Messingspannring klemmt das Zubehör besser als eine einfache Feststellschraube.

Den Okularauszug können Sie später auch gegen ein höherwertiges Modell austauschen, das eventuell auch einen optionalen Motorfokussierer unterstützt. Auch hier kann der Auszug ähnlich viel kosten wie ein einfaches Teleskop.

Checklisten und Transportfähigkeit

Unter Amateurastronomen gibt es den Begriff der »Schönwetterkatastrophe«: Wenn es überraschend klaren Himmel gibt, man Zeit hat und überhaupt nicht darauf vorbereitet ist. Aber auch, wenn gutes Wetter absehbar ist: Es lohnt sich, alles Nötige für einen erfolgreichen Abend griffbereit an einem Ort zu haben. Gerade, wenn Sie nur unregelmäßig beobachten können, besteht die Gefahr, Dinge zu vergessen. Nichts ist ärgerlicher, als unter perfektem Himmel zu stehen und festzustellen, dass ein wichtiger Adapter zuhause liegt. Gerade wenn Sie Ihre Kamera nicht nur für die Astrofotografie nutzen, werden Sie nicht immer das gesamte Zubehör mitschleppen.

Im Idealfall haben Sie für Teleskop und Montierung je eine Kiste, um das Gewicht besser zu verteilen. Je nach Umfang lohnt sich ein eigener Koffer für das Zubehör. Je leichter Sie Ihr Equipment transportieren können, desto öfter werden Sie es benutzen! Widerstehen Sie der Versuchung, alles in einen schweren Koffer zu packen, den Sie dann nicht mehr transportieren können. Denken Sie auch daran, die Achsklemmen der Montierung für den Transport zu lösen. Ansonsten überträgt sich jedes Schlagloch auf die Getriebe und die Stöße können die Zahnräder beschädigen.

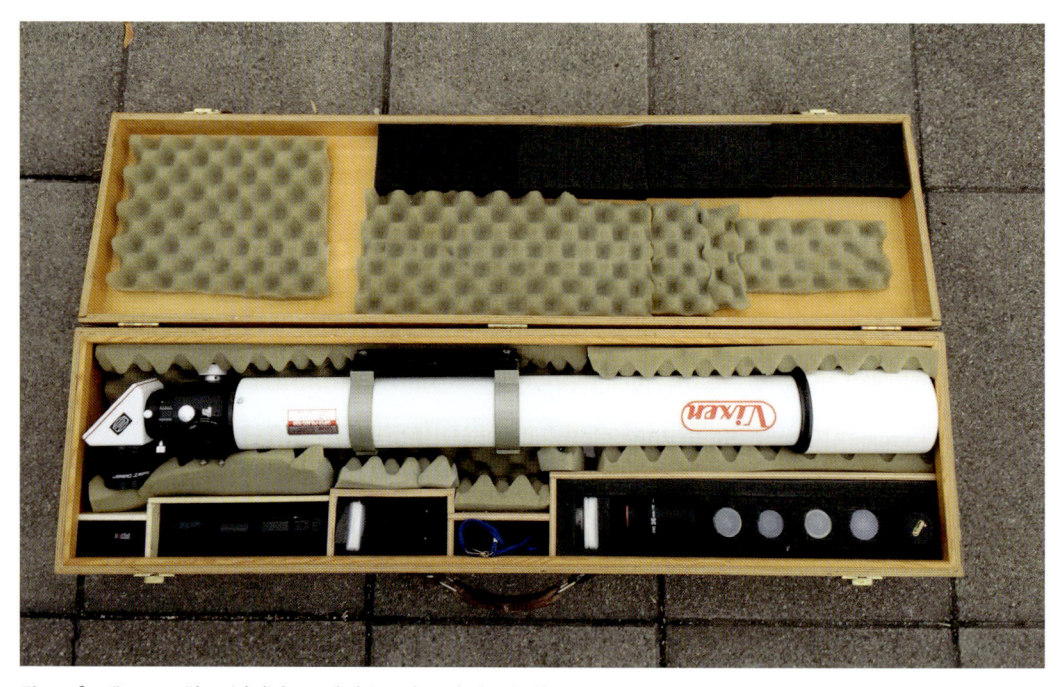

Ein aufgeräumter, übersichtlicher Zubehör- oder Teleskopkoffer ist Gold wert.

Für einige Teleskope und Montierungen gibt es passende Taschen oder Koffer, aber in der Regel werden Sie improvisieren müssen. Heben Sie die Originalverpackung auf, oft können Sie die Styroporeinlage für eine eigene Lösung benutzen. Falls Sie im Baumarkt oder Fachhandel nichts Passendes finden, können Sie sich auch ein Flightcase maßschneidern lassen – diese robusten Koffer werden oft für Musikinstrumente oder Waffen angefertigt, Thomann zum Beispiel liefert gute Qualität.

Wenn für die Innenpolsterung keine Originalverpackung zur Verfügung steht, ist Rasterschaumstoff eine naheliegende Lösung. Allerdings taugt er nur für leichtes Zubehör, unter dem Gewicht einer Montierung gibt er rasch nach. Für Flightcases wird oft Plastazote LD29 verwendet, einige Anbieter wie *koffermarkt.com* fertigen auch für Privatkunden maßgeschneiderte Einsätze an. Das lohnt sich aber erst, wenn Sie Ihre Ausrüstung vollständig haben, sonst müssen Sie nachschneiden. Auch PU-Schaum zum Ausschäumen wird gelegentlich empfohlen – dann muss das Teleskop großzügig in Schaumstoff und eine Folie eingepackt werden, damit es vom aufquellenden Bauschaum nicht beschädigt wird. Anschließend wird überstehender Schaum abgeschnitten, der polsternde Schaumstoff klebt dann an der Folie. Üben Sie aber vorher, bevor Sie damit auf Ihr Teleskop losgehen!

Der Vorteil so einer Lösung ist natürlich, dass jedes Teil sein eigenes Fach hat und Sie sofort sehen, ob etwas fehlt. Natürlich können Sie auch mit einfachen Transportkisten oder -körben arbeiten. Taschen sind zum Transport geeignet, bieten aber weniger Schutz.

Machen Sie sich nach Möglichkeit eine Checkliste, was Sie alles benötigen. Notieren Sie ruhig auch Kekse und Thermoskanne, damit Sie für eine längere Nacht gerüstet sind. Neben Ersatzbatterien oder einem aufgeladenen Akkupack sowie einer Taschenlampe gehört auch Werkzeug dazu: Ein Satz Sechskantschlüssel und Schraubenzieher kann Ihnen den Abend retten, falls sich eine Schraube gelöst oder ein Adapter festgefressen hat.

Nach der Nacht

Am Ende einer Nacht kann ein Teleskop durch Tau triefnass oder raureifüberzogen sein. Setzen Sie alle Staubschutzdeckel auf, bevor Sie es einpacken, damit sich im Inneren keine Feuchtigkeit ansammelt. Wenn Sie wieder zuhause im Warmen sind, öffnen Sie die Transportkisten, damit die Feuchtigkeit verdampfen kann. Lassen Sie die Staubschutzdeckel über Nacht auf der Optik; den Tubus selbst können Sie mit einem Handtuch trockenreiben. Aber reiben Sie keine Linsen oder Spiegel trocken!

Ein Teleskop benötigt wenig Pflege, solange Sie es trocken lagern. Reinigen Sie die Optik so selten wie nötig. Nur wenn sich Pollen oder Fingerabdrücke auf einer optischen Oberfläche befinden, sollten Sie sie rasch reinigen: Die enthaltenen Säuren können die Vergütung angreifen. Zum Reinigen verwenden Sie Wattepads oder Kleenex-Tücher ohne irgendwelche Beigaben und eine geeignete Reinigungsflüssigkeit. Ich habe mit Optical Wonder von Baader Planetarium gute Erfahrungen gemacht.

Bei der Reinigung gilt: Weniger ist mehr. Bei jeder Reinigung besteht das Risiko von Mikrokratzern, die bleibende Reflexionen verursachen. Eine Optik muss nicht perfekt sauber sein, vereinzelte Staubkörner schaden weniger als eine verunglückte Reinigung. Nicht alle Fernrohre haben eine kratzfeste Hartvergütung, die so robust ist wie die einer Brille.

Kaufen oder Mieten?

Astrofotografie kann sehr schnell zur Materialschlacht werden, sobald Sie ein eigenes Teleskop ins Auge fassen. Zum Glück müssen Sie nicht sofort alles selbst kaufen! Die günstigste Möglichkeit ist meist die nächste Volkssternwarte: Es gibt in Deutschland zahlreiche Vereine mit guter oder sehr guter Ausrüstung, die den Mitgliedern zur Verfügung steht. Dabei finden Sie auch gleich Anschluss zu Gleichgesinnten und haben eventuell die Möglichkeit zum Erfahrungsaustausch oder können erfahreneren Astrofotografen über die Schulter schauen.

Sie müssen auch nicht sofort beitreten: Schauen Sie sich die nächste Sternwarte einmal an, ob sie Ihnen sympathisch ist. Eine Liste für den deutschsprachigen Raum finden Sie unter *sternklar.de/gad*. Falls Sie lieber anonym bleiben, bieten die astronomischen Internetforen einen reichen Wissensschatz. *Astronomie.de* und *Astrotreff.de* sind die beiden größten Communities. Die beiden wichtigsten Messen für Teleskope und Zubehör sind im Frühjahr der ATT in Essen (*att-essen.de*) und im Herbst die AME in Villingen-Schwenningen (*astro-messe.de*).

Auf Messen und Teleskoptreffen besteht die Möglichkeit, Geräte einmal in echt zu sehen. Ausleihmöglichkeiten gibt es leider nur wenige. Die besten Chancen dazu haben Sie bei Vereinen; einige große Fotohändler bieten zumindest den Verleih von Kameras und Objektiven an. Für einen Urlaub kann das eine reizvolle Option sein.

Beobachten unter fremden Sternen: Feriensternwarten machen es möglich. Bild: Michael Risch

Ein echter Astro-Urlaub bietet noch ganz andere Möglichkeiten zum Beobachten. Wenn es in die weite Ferne geht, wird der Transport der Ausrüstung zum Problem. Ein kleiner StarTracker mit Kamera passt noch ins Fluggepäck, aber wer will schon ein Teleskop als Gepäckstück aufgeben, von den Kosten für eine schwere Montierung ganz abgesehen? Zum Glück gibt es mittlerweile eine Reihe von Anbietern, die Ferienhäuser mit Sternwarten anbieten.

In Deutschland hat sich die Ferienhausvermietung Zemlin (*sternenpark-havelland.de*) im Westen von Berlin etabliert. Die Region bietet sowohl dunklen Himmel als auch beständiges Wetter, ohne dass Sie gleich eine Flugreise unternehmen müssen. Hier stehen einige Teleskope zur Ausleihe bereit.

Wenn Sie die Astronomie mit einer großen Urlaubsreise verbinden wollen, gibt es weiter im Süden einige interessante Ziele. Als Bonus sehen Sie dann auch noch die Teile des Sternenhimmels, die bei uns nie über den Horizont steigen.

Auf der Kanareninsel La Palma erwartet Sie das ATHOS Centro Astronómico (*athos.org*). Hier entstanden in den letzten Jahren mehrere Ferienwohnungen mit einer größeren Sternwarte und der Möglichkeit, eine ganze Reihe von Teleskopen auszuleihen. Es steht unter deutscher Leitung, die Sprache ist hier also auch kein Hindernis.

Marokko ist als astronomisches Reiseziel weniger bekannt, bietet mit SaharaSky (*saharasky.com*) aber ebenfalls ein gut ausgestattetes Hotel mit Sternwarte mitten in der Wüste. Die Anreise ist etwas spannender als in das gut erschlossene La Palma.

Das Traumziel der Amateurastronomen ist Namibia: Hier erwarten Sie nicht nur der uns normalerweise völlig unbekannte Himmel der Südhalbkugel, sondern auch ein wirklich dunkler Himmel und das faszinierende Afrika. Egal, ob als reiner Astro-Urlaub oder zusammen mit einer Rundreise durch die Nationalparks: Namibia steht zu Recht auf der Wunschliste vieler Amateurastronomen!

Es bleibt also Ihnen überlassen, ob Sie das Geld in Technik oder Reisen und Miete investieren. Das Wichtigste ist, dass Sie Spaß bei der Sache haben. Auch unter besten Bedingungen klappt nicht jedes Foto – genießen Sie dennoch jeden Abend unter den Sternen!

Der prächtige Sternenhimmel über Namibia ist ein Traumziel für viele Amateurastronomen. 25 Sekunden @ 6400 ISO. Bild: Michael Risch

Index

°nachtlichtfilter. *Siehe* Filter: gegen Lichtverschmutzung
17P/Holmes (Komet) 20
22°-Ring. *Siehe* Halo-Erscheinungen
500er-Regel 2

A

Abstände u. Größenverhältnisse in Grad 9
Achromat. *Siehe* Refraktor
Adapter-Ringe. *Siehe* Step-Down-Ringe
ADC (Atmospheric Dispersion Correktor) 137
   Abbildung 137
Affinity Photo 125
Afokale Fotografie. *Siehe* Digiskopie 82
Apochromate. *Siehe* Refraktor
APS-C. *Siehe* Sensorformat
Äquivalenzbrennweite
   Formel (für afokale Fotografie) 83
   Formel (für Okularprojektion) 89, 138
ASCOM-Plattform 110
Astrograph 116
   Abbildung 156
   Rowe-Ackermann Schmidt- (v. Celestron) 157
Astroklar-Filter (v. Rollei). *Siehe* Filter: gegen Lichtverschmutzung
Astromodifizierung. *Siehe* Kamera: astromodifiziert
Astronomische Farbkameras. *Siehe* Kamera: CCD-
AstroSolar Safety Film (Sonnenfilter) 35
AstroTrack (Reisemontierung) 61

Atik Infinity. *Siehe* Kamera: Atik Infinity
Auf Unendlich fokussieren 6
Augenschäden 140
   bei direkter Sonnenbeobachtung 35
Ausleserauschen 112
   reduzieren mit Bias 113
Autofokus 52
   und Sonnenfilter 37
Autoguiding 106–110
Autom. Rauschunterdrückung b. Langzeitbelichtung 5
Autostakkert (Stacking-Software) 144

B

Baader Planetarium nano.tracker (Reisemontierung) 61
Backlash-Compensation. *Siehe* Getriebespiel-Ausgleich
Bahtinov-Maske. *Siehe* Scharfstellen am Teleskop
Barlowlinse. *Siehe* Brennweite: verlängern
Bayer-Matrix 118
Belichtungszeit 49
   maximale, und Brennweite 2
Beobachtungstuch 37
Bias. *Siehe* Ausleserauschen: reduzieren mit Bias
Bildbearbeitung 124–133
   der Videoframes 144
Bildfeld. *Siehe* Bildwinkel
Bildfeldebner 96
Bildfeldkrümmung 96
Bildfeldrotation 100
Bildfeldwölbung 52, 94, 157

Bildmontagen 129–133
Bildrauschen 50–51
Bildstabilisator ausschalten (auf Stativ) 27
Bildwinkel
  Formel 99
  und Sensorgröße/Brennweite (Tabelle) 3, 46
Binning 117
Blende 46, 48
Blendenstufen (volle) 48
Bolide 17
Brennweite 45, 138
  anpassen 98
  bei Sonnenfinsternis 37
  für Details auf dem Mond 30
  für Details auf der ISS 15
  und maximale Belichtungszeit 2
  verkürzen 99
  verlängern 99, 138
Bulb-Modus 4

C

Calsky.com (Website für Konstellationsvorhersagen) 8
Celestron AVX (Montierung) 149
Celestron SkyPortal (App) 34
Checkliste 56
Chromosphäre 141
Clipfilter. *Siehe* Filter: gegen Lichtverschmutzung
CLS. *Siehe* Filter: gegen Lichtverschmutzung
Codecs 137
Cokin P820/830. *Siehe* Filter: Weichzeichner- (Cokin P820/830)
Communities 161
Crayford-Okularauszug. *Siehe* Okularauszug
Cropfaktor 98

D

Dark Frames. *Siehe* Dunkelbild
DeepSkyStacker 112, 124
Deklination 65
Digiskopie
  Adapter 82
  Halterungen 84
  mit Smartphone 84
Dithering 51, 109
Drift-Methode. *Siehe* Einnorden: mit Scheinern
Dunkelbild 5, 49, 112–113
  automatische Erstellung in Kamera 112
  erstellen 112
  -Master, mitteln 113
Dunkelstromrauschen. *Siehe* Bildrauschen
Dynamikumfang 32

E

easy-spike (v. Nocutec). *Siehe* Filter: Spikemaske
Ebenen, in Photoshop öffnen als 130
Eclipse Orchestrator (Steuerungssoftware) 36
Effektivbrennweite. *Siehe* Äquivalenzbrennweite
Einnorden 64–68, 100–101
  mit Kochab-Methode 100–101
  mit Montierung 103
  mit PolarAlign (App) 67
  mit Polemaster 104
  mit Scheinern 101–103
  mit Sharpcap 105
  mit Smartphone 64
Einscheinern. *Siehe* Einnorden: mit Scheinern
Erddrehung, Geschwindigkeit 2

F

Fachgruppe »Kometen«. *Siehe* Vereinigung der Sternfreunde: Fachgruppe »Kometen«
Fangspiegel 155
Farbwiedergabe, natürliche 76
Fernauslöser 44, 51
  für Intervallaufnahme 4
fernglasastronomie.de (Website) 70
Festbrennweite 46
Feuchtigkeit und Elektronik 123
Filter
  Weichzeichner- (Cokin P820/830) 71
  für Effekte 75
  gegen Lichtverschmutzung 75–78
  Luminanz- 118
  -Räder und -Schieber 120
  Schmalband- 118–119
  Spikemaske 79
  vor dem Objektiv 77
Filtergewinde 46
Filterhalter 77
  Gewicht 120
  UFC- 121
Firecapture (Video-Software) 142
Flat Fields. *Siehe* Hellfeldbild
Flat Frames. *Siehe* Hellfeldbild
Flats. *Siehe* Hellfeldbild
Fokale Fotografie 90–99
Fokuslage 155
Fokussieren
  auf unendlich 6
  auf Punkt neben Bildmitte 52
  motorisiert 120
  schiebend 142
Formel
  Äquivalenzbrennweite (bei afokaler Fotografie) 83
  Äquivalenzbrennweite (bei Okularprojektion) 87
  Bildwinkel 99
  Öffnungsverhältnis 138

Foto-Folie (OD3,8) (Sonnenfilter) 35
Fotorucksack 56
FWHM-Methode (Full Width at Half Maximum). *Siehe* Scharfstellen am Teleskop

G

Gabelmontierung. *Siehe* Montierung: Gabel-
Gain 139, 142
Gegenlichtblende 56
Getriebeneiger 63
Getriebespiel-Ausgleich 107
Global Shutter vs. Rolling Shutter 139
Goto-Computersteuerungen 70
Goto-Montierung. *Siehe* Einnorden: mit Montierung
Grad, Abstände und Größenverhältnisse in 9
Gradationskurve 128

H

Halbschattenfinsternis. *Siehe* Mondfinsternis
Hale-Bopp (Komet) 20
Halo-Erscheinungen 25
H-alpha-Fotografie 141
H-alpha-Licht 75
heavens-above.com (Website für Konstellationsvorhersagen) 12
Hellfeldbild 112–113
Herschelkeil 141
Histogramm 49, 127
Hubble-Palette 119
Hyakutake (Komet) 20

I

I420/IYUV (Codec). *Siehe* Codecs
IDAS LPS-Filter (Hutech). *Siehe* Filter: gegen Lichtverschmutzung

Infrarot-/UV-Sperrfilter in Kamera. *Siehe* Kamera: astromodifiziert
In Photoshop als Ebenen öffnen (Befehl) 130
Intervallaufnahme 4, 44, 52
iOptron SkyTracker Pro (Reisemontierung) 61
ISO 50
  optimale 51
ISON (C/2012 S1) (Komet) 20
ISS (International Space Station) 12
  Apps zur Anzeige der ISS-Position 14
  Details fotografieren (mit Teleskop) 15
  Überflug fotografieren 14
  Vorhersage für Überflüge 12
  vor Sonne oder Mond fotografieren 15

J

JPEG vs. RAW 53

K

kachelmannwetter.com (Website) 54
Kamera 138
  am Okularauszug 90–99
  am Teleskop 81
  Anforderungen 43–53
  astromodifiziert 114
  Atik Infinity 122
  Aufbewahrung mit Zubehör 48
  CCD- 116
  monochrome 118–172
  nachführen 59
Kameraeinstellungen 48–53
Kernschatten der Erde bei Mondfinsternis 28
Kiste 158
Klappdisplay 45

Kochab-Methode. *Siehe* Einnorden: mit Kochab-Methode
Koffer 158
Komakorrektur 96
Kometen 20
Kondenswasser. *Siehe* Feuchtigkeit
Kosmos Himmelsjahr 8
Kugelkopf 63

L

Langzeitbelichtung
  automatische Rauschunterdrückung bei 5
  Sternhelligkeiten/-Farben unkenntlich 71
Laptopzelt 37
Leitrohrguiding 110–111
Leitstern 107
Leoniden 17
Leuchtpunktsucher 70
Lichtbeugung. *Siehe* Refraktion
Lichtsäulen 25
Lichtstärke 46
Lichtverschmutzung 22, 54
  Filter gegen 54, 75
  Filter gegen (Beispielbilder) 76
  Websites über 54
lichtverschmutzung.de (Website) 54
lightpollutionmap.info (Website) 54
Lights 50
Linienspektrum. *Siehe* Spektrum eines Sterns/Nebels
Live-Stacking
  Atik Infinity 122
  DeepSkyStacker 122
  Sharpcap 122
Live-View 45
LPS. *Siehe* Lichtverschmutzung: Filter gegen

M

Manueller Modus 3, 44
MaxIm DL (Bildbearbeitung) 124
Messen 161
meteoblue.com (Website) 54
Meteor 17
Meteorit 17
M-GEN. *Siehe* Autoguider
Micro-Fourthirds. *Siehe* Sensorformat
MicroStage II (v. Baader Planetarium). *Siehe* Digiskopie: Adapter
Milchstraße 22
Mond
   Brennweite, um Details zu zeigen 8, 30
   Geschwindigkeit 8
   Okularprojektion 86
   - und Planetenkonstellationen 8
Mondfinsternis 28
   Phasen bei totaler 28
   Tabelle (bis 2030) 33
   typische Belichtungszeiten (Tabelle) 28
Mondhalo. *Siehe* Halo-Erscheinungen
Montierung
   Auswahl und Kauf 148–150
   Autoguider. *Siehe* Autoguidung
   azimutal 148
   Celestron Nexstar 103
   Gabel- 148–149
   parallaktisch 149
   parallaktisch vs. azimutal (Bild) 148
   Reise- 60
   SynScan (von SkyWatcher) 103
   Traglast 149
   Transportfähigkeit 149
Motive finden 69–70
MPCC (v. Baader Planetarium) (Komakorrektor) 97

N

Nachführachse 65
Nachführeinheit 18
Nachführfehler 106–108
Nachführgenauigkeit 150
Nachführgeschwindigkeiten, unterschiedliche 62
Nachführung 22
Nachtlichtfilter (v. Matt Aust). *Siehe* Filter: gegen Lichtverschmutzung
Nachtwolken, leuchtende 24
Nebulosity (Bildbearbeitung) 124
Newton-Spiegelteleskop 154–162

O

Objektivauswahl 44
Objektive, Anforderungen 45–46
Objektivheizung 56
Off-Axis-Guider 110
Öffnungsverhältnis 138
   Formel 138
O-III-Linien 75
Okular, fotografieren durchs. *Siehe* Afokale Fotografie
Okularauszug 157
   1,25" oder 2" 92
   Fotografieren durch den 90–99
   Verkippung am 93
Okularprojektion (für Mond und Sonne) 86–90
   Adapter 86
   mit Vollformat-Sensoren 86
Omegon Minitrack LX2 (Reisemontierung) 61

P

Partielle Mondfinsternis. *Siehe* Mondfinsternis
PC-Steuerung 44
PEC (Periodic Error Correction). *Siehe* Getriebespiel-Ausgleich

Perseiden 17
Photonenrauschen. *Siehe* Bildrauschen
Photoshop 125
Piggyback 60
Planetarium-App 69
Planetenfotografie 135
Planetenkamera (Abbildung) 136
PolarAlign (App zum Einnorden) 67
Polarstern, Einnorden mit. *Siehe* Einnorden
Polemaster. *Siehe* Einnorden: mit Polemaster
Polhöhenwiege 63
Polsucher, Einnorden 65
Prismenklemme 60
ProCamera (App) 85
Projektionsadapter, variabel 89

R

Radiant 17
Randschärfe 46
Rauscharmut 44
Rauschen. *Siehe* Bildrauschen
Rauschreduzierung mit Stacking (Bildbearbeitung) 125
Rauschunterdrückung 49
RAW, unverändert 44
 vs JPEG 53
Reducer. *Siehe* Brennweite: verkürzen
Refraktion 137
Refraktor 153
Registax (Stacking-Software) 144
Reisemontierung. *Siehe* Montierung: Reise-
Rektaszension 65
Rolling Shutter vs. Global Shutter 139

S

Satelliten 12
 Vorhersagen für Überflüge 12
Sattracker 15
Scharfstellen am Teleskop 94–95
Scheinerblende 35, 37
Scheinern. *Siehe* Einnorden: mit Scheinern
Schmidt-Cassegrain 156
Schneckenfehler 106, 150
 periodischer 108
Schönwetterkatastrophe 158
Schwarzpunkt 128
Seeing 136
 Vorhersage 54
Selbstauslöser 51
Sensorempfindlichkeit. *Siehe* ISO
Sensorformat 43
 und Motivgröße 98
Shapley-Linse. *Siehe* Brennweite: verkürzen
Sharpcap. *Siehe* Einnorden: mit Sharpcap
Shuttervorauslösung 44
S-II-Linie 75
Skyglow Neodymium. *Siehe* Filter: gegen Lichtverschmutzung
Sky-Watcher EQ5 (Montierung) 149
Sky-Watcher Star Adventurer (Reisemontierung) 61
Smartphone, Einnorden mit 64
Solar Eclipse Maestro (Steuerungssoftware) 36
Sonne 140–172
 Beobachtung via H-alpha 141
 Okularprojektion 86
 Sucher abbauen (vor Beobachtung) 141
Sonnenfilter 16, 35
 -Folie 140
 und Autofokus 37

Sonnenfinsternis
  partielle 40
  ringförmige 40
  Steuerungssoftware 36
  Tabelle (bis 2030) 41
  totale 35
  typische Belichtungszeiten (Tabelle) 42
Sonnenkorona, richtige Brennweite für 37
Spektiv 83
Spektrum eines Sterns/Nebels (Vergleich) 75
Spiegelvorauslösung 5, 44, 51
Spikemaske. *Siehe* Filter: Spikemaske
Stacking 125
  der Videoframes 145
  in Photoshop 130
  Live-. *Siehe* Live-Stacking: Atik Infinity, DeepSkyStacker
Standort, dunkler 54
Star Eater-Problem 44
Star Hopping 70
Starry Landscape Stacker 124
StarStax (Strichspurbild-Stacker) 6
Star Tracker 60. *Siehe* Montierung: Reise-
StarTrails (Strichspurbild-Stacker) 6
Stativ 152–172
  Anforderungen 47–162
  Anschluss 47
  -Spinne 47
Stellarium (Planetarium-App) 69
Step-Down-Ringe 77
Sternbilder 22
  Lichtverschmutzung 22
Sternchenfilter. *Siehe* Filter: Spikemaske
Sternfarben und -helligkeiten 71
Sterngeschwindigkeit 142. *Siehe* Nachführgeschwindigkeiten, unterschiedliche

Sternkarte 70
Sternschnuppen 17
Sternschnuppenströme (Tabelle) 18
Sternwarte 161
Strichspuraufnahmen 4
  Stacking-Software für 6
Stromversorgung 151
Sucherguiding 110
Syrps Genie Mini (Reisemontierung) 61

T

T-/T2-Adapter 90
Telekompressor. *Siehe* Brennweite: verkürzen
Teleskoptechnik 153–159
Thermisches Rauschen. *Siehe* Bildrauschen
Tiffen Double Fog 3 (Filter) 22
transit-finder.com (Website für Vorhersagen von Durchgängen) 15
Transport 158

U

UFC-Filterhalter. *Siehe* Filterhalter: UFC-

V

Vereinigung der Sternfreunde
  »Arbeitskreis Meteore« 25
  Fachgruppe »Kometen« 20
Verkippung bei Okularauszügen 93
Verlängerungshülse 89
Verstärkerglühen 50, 112
Video 142–143
Videomodul 135
  für Sonne und Mond 140
Vignettierung 71
Visuelle Folie (OD 5) (Sonnenfilter) 35

Vixen Polarie (Reisemontierung) 61
Volkssternwarte 161
Vollformat. *Siehe* Sensorformat

W

Webcam-Scheinern. *Siehe* Einnorden: mit Scheinern
Websites für Konstellationsvorhersagen 12
Wechselakku 45
Weichzeichner. *Siehe* Filter: Weichzeichner- (Cokin P820/830)
Weißabgleich 53
Weißpunkt 128
Wettervorhersage, Apps und Websites 54

windy.com (App für Wettervorhersage) 54
Winjupos (Software f. Planetenfotografie) 139, 145
Winkelsucher 68

Y

Y800 (Codec). *Siehe* Codecs
Yr.no (Website) 54

Z

Zahnriemenantriebe 150
Zoom 46

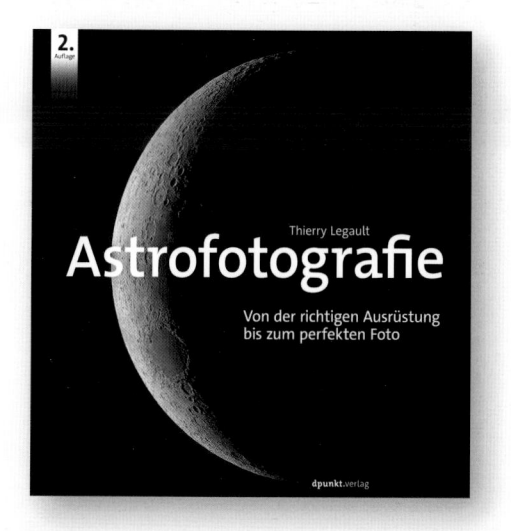

Thierry Legault

Astrofotografie

Von der richtigen Ausrüstung
bis zum perfekten Foto

2. Quartal 2019
2., aktualisierte Auflage
ca. 254 Seiten, Festeinband
ca. € 39,90 (D)

ISBN:
Print   978-3-86490-662-6
PDF   978-3-96088-754-6

Überlassen Sie es nicht länger nur den großen Observatorien, gute Fotos von Sternen aufzunehmen. Mit der heutigen Fotoausrüstung und diesem Buch können Sie selbst das perfekte Astrobild erzielen. Das reich bebilderte Buch wurde für die Neuauflage aktualisiert und richtet sich an alle Liebhaber des Himmels.

Der weltweit renommierte Astrofotograf Thierry Legault lehrt die Kunst und Technik der Astrofotografie – von einfachen Stativkamera-Nachtszenen von Sternbildern, Sternspuren, Finsternissen, künstlichen Satelliten und Polarlichtern bis hin zu professioneller Astrofotografie mit Spezialausrüstung für Mond, Planeten, Sonne und Deep-Sky-Bilder. Legault gibt Hinweise zur Ausrüstung und erklärt Ihnen alle Techniken, wie Sie die in Ihren Bildern vorhandenen Fehler erkennen und korrigieren können.

Dank großformatiger Bilder und detaillierter Beschreibungen ist das Buch für alle Astronomiebegeisterten geeignet – vom Neuling bis zum Profi.

»Für jeden von der Astrofotografie
Begeisterten grundlegend und
unverzichtbar.«
NaturFoto 3/2016 zur 1. Auflage

dpunkt.verlag
www.dpunkt.de

Rezensieren
Sie dieses Buch

Senden
Sie uns Ihre Rezension
unter www.dpunkt.de/rez

Erhalten
Sie Ihr Wunschbuch aus
unserem Verlagsangebot